いちばん速《はや》いヤツはだれだ!?

# 危《き》険《けん》生《せい》物《ぶつ》VS恐《きょう》竜《りゅう》・古《こ》生《せい》物《ぶつ》デスレース超《ちょう》バトル図《ず》鑑《かん》

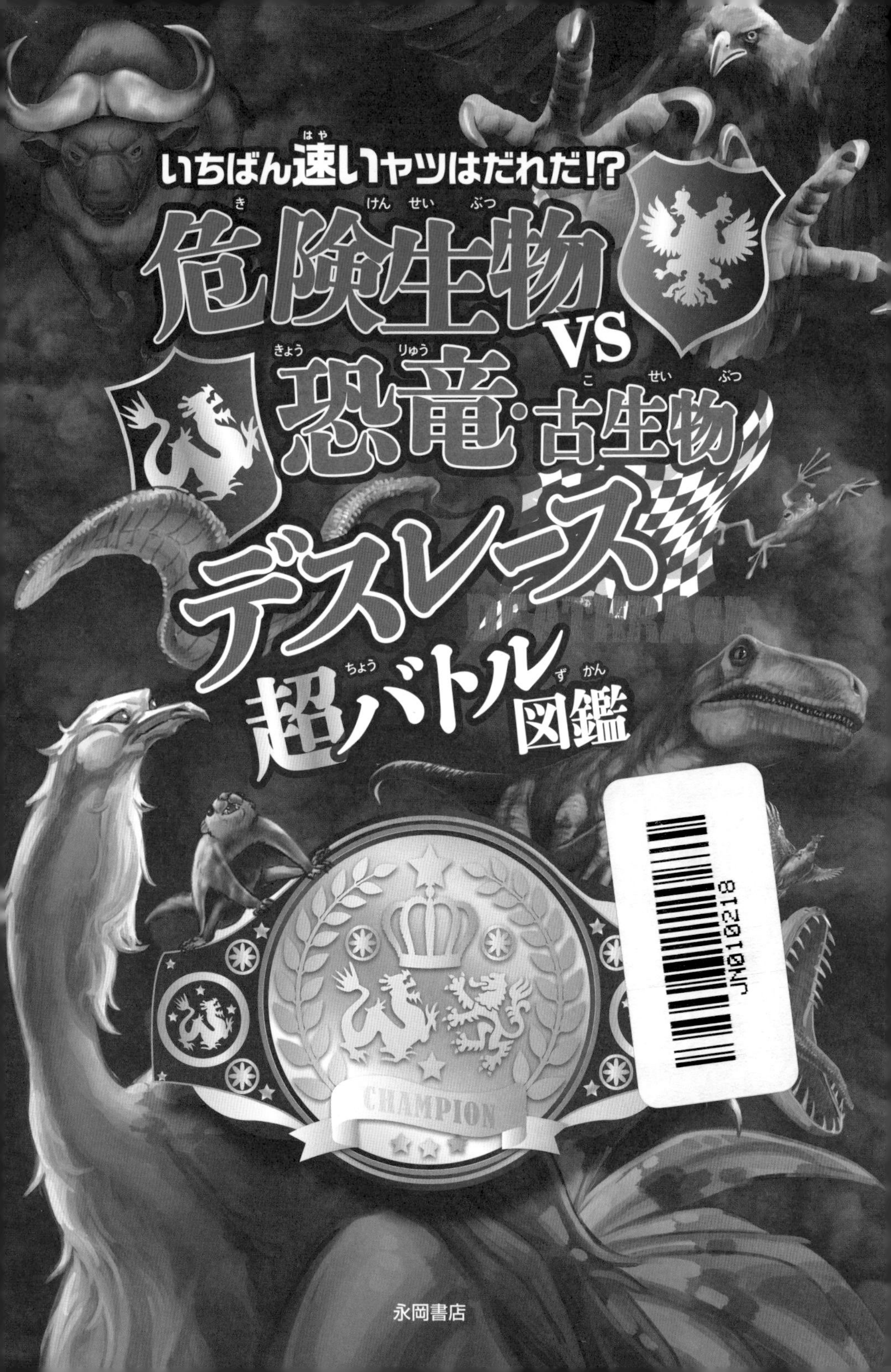




永岡書店

# はじめに

**異次元《いじげん》の別世界《べつせかい》・マルチ・バースで、新旧《しんきゅう》あらゆる**
**生物《せいぶつ》たちの最強《さいきょう》を決《き》める『超《ちょう》バトル図鑑《ずかん》』**
**今回《こんかい》は最速王《さいそくおう》を決定《けってい》するデスレースだ!!**

　レースの舞台《ぶたい》は、とある人類未踏《じんるいみとう》の古代島《こだいとう》。
この島《しま》でとつじょ火山《かざん》の大噴火《だいふんか》が起《お》こった。
限《かぎ》られた安全地帯《あんぜんちたい》まで逃《に》げきれなければ、
動物《どうぶつ》たちは絶滅《ぜつめつ》してしまう！
パワーや攻撃力《こうげきりょく》のスペックだけでは
生《い》き残《のこ》れない。スピードと
さまざまな地形《ちけい》での脱出技術《だっしゅつぎじゅつ》、
時《とき》にはライバルを落《お》とし入《い》れる戦術《せんじゅつ》が
必要《ひつよう》となる。そしてゆだんをすると
ようしゃない自然《しぜん》のきょういに命《いのち》を落《お》とす
〝運《うん》〟も勝敗《しょうはい》を左右《さゆう》する、文字通《もじどお》り「死のレース《デスレース》」。

◆　◆　◆

　動物《どうぶつ》の進化《しんか》と絶滅《ぜつめつ》は、実際《じっさい》に
このような感《かん》じで今《いま》なお起《お》きており、
別《べつ》の世界《せかい》や大昔《おおむかし》の話《はなし》ではありません。
ライバルや天敵《てんてき》と戦《たたか》うだけでなく、
暑《あつ》さ、寒《さむ》さ、こう水《ずい》、干《かん》ばつ、
火山《かざん》、隕石《いんせき》など自然《しぜん》の
きょういにも勝《か》ちぬいたものが、
この世界《せかい》に生《い》き残《のこ》っているのです。
さあ、レースに勝ちぬくのは誰か？
キミならどう戦《たたか》って生《い》き残《のこ》る？

これまで地図《ちず》に記《しる》されることもなかった無人島《むじんとう》に、絶滅《ぜつめつ》したと思《おも》われていた多《おお》くの生物《せいぶつ》が、ひっそりと生《い》き残《のこ》っていた。

ある日《ひ》、島《しま》の平和《へいわ》にきん急事態《きゅうじたい》が起《お》こった。島《しま》にある活火山《かつかざん》の噴火《ふんか》が始《はじ》まり、これまで暮《く》らしていた動物《どうぶつ》たちの生息《せいそく》エリアがおびやかされたのだ。

動物《どうぶつ》たちは、火山《かざん》による被《ひ》害《がい》のおよばない、東《ひがし》の果《は》てにある「新天地《しんてんち》」に向《む》かって、いっせいに逃《に》げ始《はじ》めた。生《い》き残《のこ》るには、ひなんするための移動《いどう》スピードが重要《じゅうよう》になる。天敵《てんてき》を捕食《ほしょく》してエネルギー補給《ほきゅう》をしたり、ライバルの攻撃《こうげき》をさけたりする戦《せん》とう力《りょく》も欠《か》かせない。災害《さいがい》をさけるためのコース選択《せんたく》や第六感《だいろっかん》、そうぐうする生物《せいぶつ》との相性《あいしょう》といった、運《うん》の要素《ようそ》も重要《じゅうよう》になる。

こうして、生物《せいぶつ》としての生《い》き残《のこ》りをかけたデスレースが始《はじ》まった。古生物《こせいぶつ》と現生生物《げんせいせいぶつ》、どちらの方《ほう》がよりサバイバル力《りょく》に優《すぐ》れているのか？ 最後《さいご》まで生《い》き残《のこ》れる動物《どうぶつ》はどいつだ？

危険生物《きけんせいぶつ》VS恐竜《きょうりゅう》・古生物《こせいぶつ》

# デスレース超《ちょう》バトル図鑑《ずかん》

# 対戦表《たいせんひょう》

決勝《けっしょう》
Race 39
P150

恐 ヴェロキラプトル
Race 1 P10
危 ハリオアマツバメ

Race 17 P64

恐 オビラプトロサウルス
Race 2 P13
危 コンドル

Race 25 P92
レジェンド危険生物《きけんせいぶつ》
危 ヒクイドリ レジェンド

恐 グリプトドン
Race 3 P16
危 アフリカスイギュウ

準々決勝《じゅんじゅんけっしょう》 Race 33 P128

Race 18 P67

恐 ペラゴルニス
Race 4 P19
危 オオコウモリ

Race 26 P96
レジェンド恐竜《きょうりゅう》・古生物《こせいぶつ》
恐 ハーストイーグル レジェンド

恐 ミクロラプトル
Race 5 P22
危 チスイコウモリ

準決勝《じゅんけっしょう》 Race 37 P142

Race 19 P70

恐 メソニクス
Race 6 P25
危 スイロク（サンバー）

Race 27 P100
レジェンド危険生物《きけんせいぶつ》
危 チーター レジェンド

恐 メガネウラ
Race 7 P28
危 トビガエル

準々決勝《じゅんじゅんけっしょう》 Race 34 P131

Race 20 P73

恐 プテラノドン
Race 8 P31
危 ハシボソガラパゴスフィンチ

Race 28 P104
レジェンド恐竜《きょうりゅう》・古生物《こせいぶつ》
恐 ケツァルコアトルス レジェンド

恐竜・古生物軍《きょうりゅうこせいぶつぐん》のエンブレム

## CONTENTS



## COLUMN

地《ち》球史上最高《きゅうしじょうさいこう》の「サバイバル能力《のうりょく》」「移動《いどう》能力《のうりょく》」をもつ生物《せいぶつ》たちによるデスレースが始《はじ》まった。特《とく》にシードに配置《はいち》した生物《せいぶつ》は、レジェンド級《きゅう》の能力《のうりょく》をほこる。古代《こだい》の生物《せいぶつ》たちに、現代《げんだい》の危険生《きけんせい》物《ぶつ》たちは勝《か》てるか? そして、いちばん速《はや》いヤツはだれだ?

恐 恐竜《きょうりゅう》・古生物軍《こせいぶつぐん》

危 危険生物軍《きけんせいぶつぐん》

レジェンド レジェンド生物《せいぶつ》

危険生物軍《きけんせいぶつぐん》のエンブレム

## エキシビジョン

# ルール解説《かいせつ》

## 2つのチームで競《きそ》うデスレース

かつて地球上《ちきゅうじょう》で活動《かつどう》していた生物《せいぶつ》たちが集結《しゅうけつ》した「恐竜《きょうりゅう》・古生物軍《こせいぶつぐん》」と、対《たい》するは現在《げんざい》の地球上《ちきゅうじょう》に生息《せいそく》している「危険生物軍《きけんせいぶつぐん》」。

どちらのチームの生物《せいぶつ》が先《さき》にゴールできるかを競《きそ》うデスレースを行《おこな》う。それぞれのチームは、その中《なか》で特《とく》に有力《ゆうりょく》な生物《せいぶつ》を「レジェンド生物《せいぶつ》」として、トーナメントのシード枠《わく》に置《お》くことができる。勝《か》ち進《すす》むと同《おな》じチームの生物同士《せいぶつどうし》で競《きそ》うケースも出《で》てくる。

### チャンピオンチーム

### 恐竜《きょうりゅう》·古生物軍《こせいぶつぐん》

かつて地球上《ちきゅうじょう》にいた恐竜《きょうりゅう》・古生物《こせいぶつ》からなるチーム。空《そら》を飛《と》ぶ翼竜《よくりゅう》や陸《りく》をかける恐竜《きょうりゅう》など、地球史上最強《ちきゅうしじょうさいきょう》アスリート生物《せいぶつ》たちを集結《しゅうけつ》させ、ドリームチームが結成《けっせい》された。

### 挑戦者《ちょうせんしゃ》チーム

### 危険生物軍《きけんせいぶつぐん》

現在《げんざい》、地球上《ちきゅうじょう》にいる生物《せいぶつ》からなるチーム。ほ乳類《にゅうるい》、鳥類《ちょうるい》、は虫類《ちゅうるい》、昆虫《こんちゅう》など、さまざまな特技《とくぎ》を持《も》つ生物《せいぶつ》の中《なか》から、現生最強《げんせいさいきょう》のアスリートチームが選抜《せんばつ》された。

## 何《なん》でもありのガチレース

生物《せいぶつ》たちは、島《しま》の西《にし》から東《ひがし》へ横断《おうだん》しながら、途中《とちゅう》でそうぐうした生物《せいぶつ》と1対《たい》1のレースバトルを展開《てんかい》していく。相手《あいて》よりも速《はや》くゴールした方《ほう》の勝《か》ちとなる。また、途中《とちゅう》で、相手《あいて》を絶命《ぜつめい》させたり、捕食《ほしょく》したり、リタイヤさせたりしても、勝利《しょうり》となる。

## 優勝《ゆうしょう》した生物《せいぶつ》がいる軍団《ぐんだん》の勝利《しょうり》

トーナメントを最後《さいご》まで勝《か》ち進《すす》んだ生物《せいぶつ》は「スピード王《おう》」の称号《しょうごう》を手《て》にする。そして、その生物《せいぶつ》が所属《しょぞく》するチームが勝利《しょうり》をつかみ、チャンピオンチームとなる。謎《なぞ》の火山島《かざんとう》でぼっ発《ぱつ》した、恐竜《きょうりゅう》・古生物軍《こせいぶつぐん》 VS 危険生物軍《きけんせいぶつぐん》によるドリームマッチ、その勝利《しょうり》の行《ゆ》く末《すえ》はいかに。

### エキシビジョンとは?

メインのバトルであるトーナメント戦《せん》とは別《べつ》に、特別《とくべつ》な試合《しあい》を3試合設定《しあいせってい》した。ここでは、ヒトが騎乗《きじょう》しながら、いろいろな競技《きょうぎ》に挑戦《ちょうせん》する予定《よてい》だ。

Race《レース》

1 → 16

# 第《だい》1レース

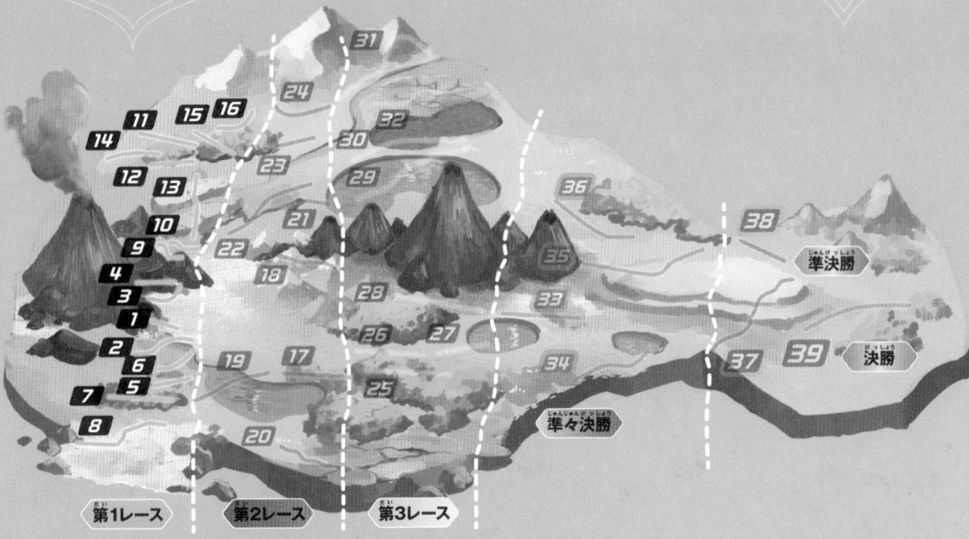


## 生物《せいぶつ》データの見方《みかた》

●生物《せいぶつ》の体長《たいちょう》と体重《たいじゅう》は、それぞれの生物《せいぶつ》の最大値《さいだいち》です。

●生物《せいぶつ》の大《おお》きさは、10歳《さい》の男《おとこ》の子《こ》の平均《へいきん》身長《しんちょう》（1.4m《メートル》）と比《くら》べています。

島《しま》の西《にし》のはしにある火山《かざん》が噴《ふん》火《か》し、生物《せいぶつ》たちがいっせいに、東《ひがし》を目指《めざ》して移動《いどう》を始《はじ》めた。そして、ひ難中《なんちゅう》にそうぐうする生《せい》物同士《ぶつどうし》の生《い》き残《のこ》りをかけたデスレースがスタートした。

# 危険《きけん》な捕食者《ほしょくしゃ》 VS.最速《さいそく》の弾丸飛行《だんがんひこう》

START!

## 森《もり》を駆《か》けるハンター ヴェロキラプトル

## 水平飛行《すいへいひこう》は鳥類《ちょうるい》ナンバー1《ワン》 ハリオアマツバメ

**DATA**

**分類《ぶんるい》** は虫類《ちゅうるい》・獣脚目《じゅうきゃくもく》
ドロマエオサウルス科《か》
**分布《ぶんぷ》** 中国《ちゅうごく》・モンゴル
**年代《ねんだい》** 中生代白亜紀後期《ちゅうせいだいはくあきこうき》
**武器《ぶき》** 歯《は》・カギヅメ
**環境《かんきょう》** 陸地《りくち》

**DATA**

**分類《ぶんるい》** 鳥類《ちょうるい》・アマツバメ目《もく》
アマツバメ科《か》
**分布《ぶんぷ》** 東南《とうなん》アジア・オーストラリア
**年代《ねんだい》** 現代《げんだい》
**武器《ぶき》** クチバシ・高速飛行《こうそくひこう》
**環境《かんきょう》** 空中《くうちゅう》

### 恐竜《きょうりゅう》・古生物軍《こせいぶつぐん》

ギザギザの歯《は》と、後《うし》ろ足《あし》の第《だい》2指《し》の巨大《きょだい》なカギヅメを武器《ぶき》にして、自分《じぶん》よりも大《おお》きな植物食恐竜《しょくぶつしょくきょうりゅう》も狩《か》っていたきょう暴《ぼう》な恐竜《きょうりゅう》だ。長《なが》い尾《お》でバランスを取《と》りながら、森《もり》の中《なか》を素早《すばや》く走《はし》っていた。

**時速《じそく》** 30km《キロメートル》
**体長《たいちょう》** 2m《メートル》／**体重《たいじゅう》** 30kg《キログラム》
**肉食《にくしょく》**

### 戦力分析《せんりょくぶんせき》

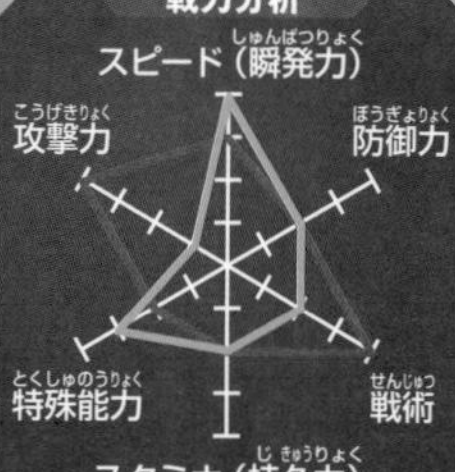


### 危険生物軍《きけんせいぶつぐん》

水平飛行《すいへいひこう》では時速《じそく》169km《キロメートル》で飛《と》ぶことができ、鳥類最速《ちょうるいさいそく》と言《い》われるツバメ。昆虫《こんちゅう》をつかまえて飛《と》びながら食《た》べたり、飛行《ひこう》しながら睡眠《すいみん》をとったり、一日《いちにち》の大《たい》半《はん》を空中《くうちゅう》で過《す》ごす。

**時速《じそく》** 170km《キロメートル》
**体長《たいちょう》** 21cm《センチメートル》／**体重《たいじゅう》** 9g《グラム》
**昆虫食《こんちゅうしょく》**

1
ハリオアマツバメが
いきおいよく
スタート
LIFE
メインフィールド
林《はやし》
LIFE
世界最速《せかいさいそく》の鳥《とり》・ハリオアマツバメ、滝《たき》の裏《うら》にある巣《す》から飛《と》び出《だ》す。ヴェロキラプトルは、はなれた場所《ばしょ》から、その様子《ようす》を見《み》ている。
快速《かいそく》で飛《と》ぶハリオアマツバメ。ヴェロキラプトルは、近道《ちかみち》をつかって先回《さきまわ》りする。
LIFE
2
ヴェロキラプトルが
近道《ちかみち》で
先回《さきまわ》りする
LIFE
スタート
滝《たき》
林《はやし》

## シーン3

## ヴェロキラプトルが空中《くうちゅう》でキャッチ!

**Winner!**

勝《しょう》者《しゃ》 恐竜《きょうりゅう》・古《こ》生物軍《せいぶつぐん》 ヴェロキラプトル

ヴェロキラプトルは、フリスビーをキャッチする犬《いぬ》のように、ハリオアマツバメを空中《くうちゅう》で捕獲《ほかく》! そのまま走《はし》り去《さ》っていく。

TIME
8分《ふん》51秒《びょう》

### バトル結果《けっか》

ハリオアマツバメが超高速《ちょうこうそく》で移動《いどう》する中《なか》、ヴェロキラプトルは、飛行経路《ひこうけいろ》を予測《よそく》。バランスいい走《はし》りで林《はやし》を駆《か》けぬけ、先回《さきまわ》りしてハリオアマツバメを見事《みごと》キャッチして勝利《しょうり》。

# 巣《す》へ舞《ま》いもどる母恐竜《ははきょうりゅう》 vs.死肉《しにく》を食《た》べるスカベンジャー

START!

子育《こそだ》てをする恐竜《きょうりゅう》

## オビラプトロサウルス

風《かぜ》に乗《の》って飛《と》ぶ巨大鳥《きょだいちょう》

## コンドル

**DATA**

**分類《ぶんるい》** は虫類《ちゅうるい》・竜盤目《りゅうばんもく》
オヴィラプトル科《か》
**分布《ぶんぷ》** モンゴル
**年代《ねんだい》** 中生代白亜紀後期《ちゅうせいだいはくあきこうき》
**武器《ぶき》** 歯《は》・しゅん足《そく》

**環境《かんきょう》** 陸地《りくち》

**DATA**

**分類《ぶんるい》** 鳥類《ちょうるい》・タカ目《もく》コンドル科《か》
**分布《ぶんぷ》** 南米《なんべい》
**年代《ねんだい》** 現代《げんだい》
**武器《ぶき》** クチバシ・飛行《ひこう》

**環境《かんきょう》** 空中《くうちゅう》

**恐竜《きょうりゅう》・古生物軍《こせいぶつぐん》**

頭《あたま》には円形《えんけい》のトサカと歯《は》のないクチバシがあり、皮《ひ》ふには羽毛《うもう》を生《は》やしていた可能性《かのうせい》が高《たか》い。卵《たまご》を温《あたた》めてふ化《か》させるなど、子育《こそだ》てをしていた恐竜《きょうりゅう》として知《し》られている。後《うし》ろ足《あし》が細長《ほそなが》く、素早《すばや》く動《うご》き回《まわ》っていたようだ。

**時速《じそく》** 50km《キロメートル》
**体長《たいちょう》** 2.5m《メートル》／**体重《たいじゅう》** 50kg《キログラム》
**雑食《ざっしょく》**

**戦力分析《せんりょくぶんせき》**

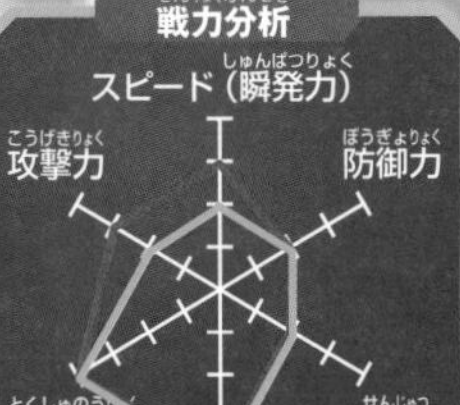

**危険生物軍《きけんせいぶつぐん》**

おもに死体《したい》となった小動物《しょうどうぶつ》などをエサにしていて、そこに頭《あたま》をつっこんで食《た》べる。そのため、不衛生《ふえいせい》にならないように、頭《あたま》や首《くび》に羽毛《うもう》が生《は》えていない。風《かぜ》をとらえて空《そら》を飛《と》ぶのを得意《とくい》としている。

**時速《じそく》** 60km《キロメートル》
**体長《たいちょう》** 1.3m《メートル》（翼幅《よくはば》3.2m《メートル》）／**体重《たいじゅう》** 15kg《キログラム》
**腐肉食《ふにくしょく》**

狩《か》りに出《で》ていたオビラプトロサウルスは、火山《かざん》の噴火《ふんか》がはじまり、急《いそ》いで巣《す》にもどる。その途中《とちゅう》でそうぐうしたコンドルは、エサを横取《よこど》りしようと考《かんが》えている。

LIFE

## シーン1 コンドル、オビラプトロサウルスにねらいを定《さだ》める

LIFE

メインフィールド

草原《そうげん》

オビラプトロサウルスは、草原《そうげん》をしゅん足《そく》でひた走《はし》る。体重《たいじゅう》の重《おも》いコンドルは、すぐに飛《と》び立《た》とうとする。しかし、風《かぜ》がほとんど吹《ふ》いていないためなかなか飛《と》び立《た》てない。

LIFE

## シーン2 オビラプトロサウルス、巣《す》をめざしてしっ走《そう》

LIFE

スタート

草原《そうげん》 川《かわ》 火砕流《かさいりゅう》 森《もり》

## シーン3 コンドル、飛《と》び立《た》とうとするが…

## Winner!

勝《しょう》者《しゃ》 恐竜《きょうりゅう》・古《こ》生物軍《せいぶつぐん》 オビラプトロサウルス

ようやくコンドルは、風《かぜ》をつかまえて飛《と》び立《た》ちかけるが、時《とき》すでにおそし。火《か》山《ざん》の噴火《ふんか》によって、流《なが》れ出《で》た火砕流《かさいりゅう》にのまれてしまう。オビラプトロサウルスは、はるかかなたへしっ走《そう》していく。

### バトル結果《けっか》

コンドルは、その巨大《きょだい》な翼《つばさ》を動《うご》かすほどには筋肉《きんにく》が発達《はったつ》していないため、風《かぜ》がないと飛《と》び立《た》つことができない。その間《あいだ》に、瞬足《しゅんそく》のオビラプトロサウルスがひた走《はし》り、圧勝《あっしょう》という結果《けっか》に終《お》わった。

TIME
23分《ふん》40秒《びょう》

# 鈍足《どんそく》な装甲獣《そうこうじゅう》 VS. 猛牛《もうぎゅう》のとっ進《しん》

START!

**DATA**

分類《ぶんるい》 ほ乳類《にゅうるい》・オドントプテリクス目《もく》
グリプトドン科《か》
分布《ぶんぷ》 南米《なんべい》
年代《ねんだい》 新生代第四紀更新世《しんせいだいだいよんきこうしんせい》
武器《ぶき》 装甲《そうこう》・尾《お》
環境《かんきょう》 陸地《りくち》

カメのようなほ乳類《にゅうるい》

## グリプトドン

黒《くろ》い死神《しにがみ》

## アフリカスイギュウ

**DATA**

分類《ぶんるい》 ほ乳類《にゅうるい》・偶蹄目《ぐうていもく》ウシ科《か》
分布《ぶんぷ》 アフリカ
年代《ねんだい》 現代《げんだい》
武器《ぶき》 角《つの》
環境《かんきょう》 陸地《りくち》

恐竜《きょうりゅう》・古生物軍《こせいぶつぐん》

背中《せなか》に小《ちい》さな骨《ほね》の板《いた》が集《あつ》まった装甲《そうこう》を背負《せお》い、カメのように手足《てあし》を引《ひ》っこめて、天敵《てんてき》から身《み》を守《まも》ることができた。その重厚《じゅうこう》な装甲《そうこう》のために、移動《いどう》はおそかった。じゅうなん性《せい》のある尾《お》は武器《ぶき》となった。

時速《じそく》 10km《キロメートル》
全長《ぜんちょう》 3m《メートル》／体重《たいじゅう》 2t《トン》
草食《そうしょく》

戦力分析《せんりょくぶんせき》

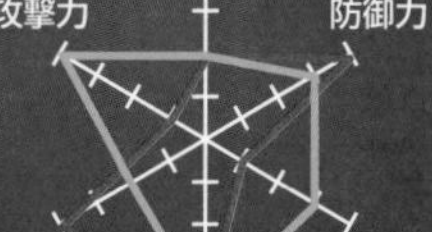

危険生物軍《きけんせいぶつぐん》

頭部《とうぶ》にはわん曲《きょく》した角《つの》が生《は》え、天敵《てんてき》のライオンに立《た》ち向《む》かって放《ほう》り投《な》げるほど、そのツノと首《くび》の力《ちから》は強《つよ》い。非常《ひじょう》に気性《きしょう》が荒《あら》く、現地《げんち》では毎年《まいとし》、命《いのち》を落《お》とす人《ひと》が多《おお》くいて、「黒《くろ》い死神《しにがみ》」と恐《おそ》れられている。

時速《じそく》 30km《キロメートル》
全長《ぜんちょう》 3.4m《メートル》／体重《たいじゅう》 900kg《キログラム》
草食《そうしょく》

## シーン1 グリプトドン、噴石《ふんせき》をはじき返《かえ》して前進《ぜんしん》

巨大《きょだい》なアルマジロのような姿《すがた》のグリプトドンが、草原《そうげん》を歩《ある》いて移動《いどう》している。空《そら》からは噴石《ふんせき》が飛来《ひらい》しているが、甲羅《こうら》ではじき返《かえ》しながら進《すす》む。そこへ１頭《とう》のアフリカスイギュウが走《はし》ってくる。

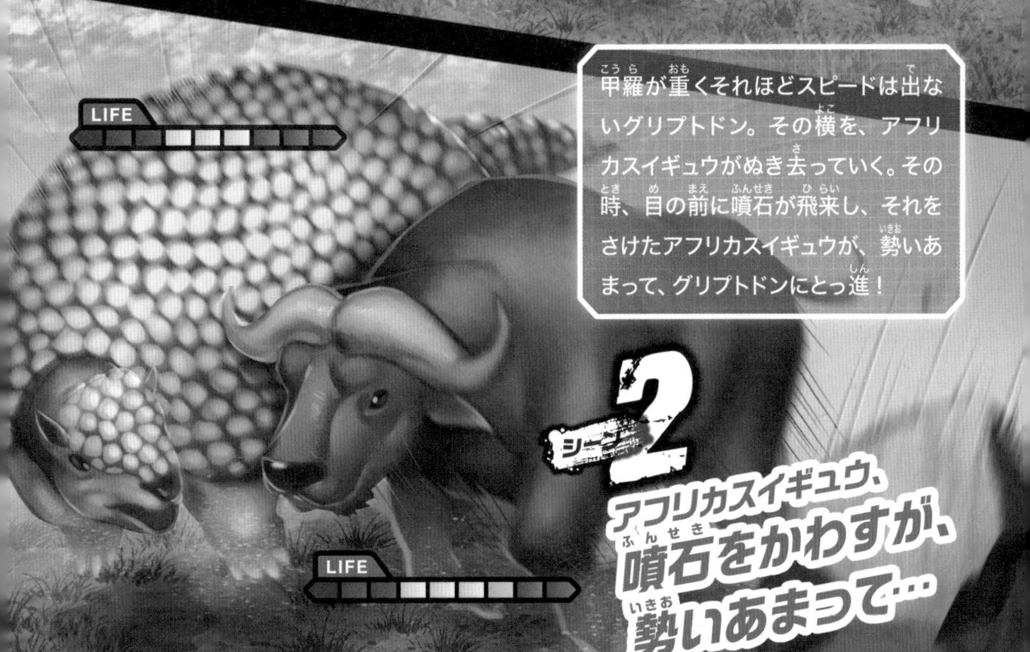


## シーン2 アフリカスイギュウ、噴石《ふんせき》をかわすが、勢《いきお》いあまって…

甲羅《こうら》が重《おも》くそれほどスピードは出《で》ないグリプトドン。その横《よこ》を、アフリカスイギュウがぬき去《さ》っていく。その時《とき》、目《め》の前《まえ》に噴石《ふんせき》が飛来《ひらい》し、それをさけたアフリカスイギュウが、勢《いきお》いあまって、グリプトドンにとっ進《しん》！

グリプトドンは、ボールのように転《ころ》がり、運悪《うんわる》く溶岩流《ようがんりゅう》に落下《らっか》。アフリカスイギュウは、何事《なにごと》もなかったように、さっそうと走《はし》り去《さ》る。

## シーン3 グリプトドン、ボールのように転《ころ》がり…

## Winner!

勝者《しょうしゃ》 危険生物軍《きけんせいぶつぐん》 アフリカスイギュウ

### バトル結果《けっか》

落下《らっか》する噴石《ふんせき》をがんじょうな装甲《そうこう》ではじきとばして進《すす》んでいたグリプトドン。しかし、もうれつな勢《いきお》いでとっ進《しん》するアフリカスイギュウの直撃《ちょくげき》をもろに受《う》け、溶岩流《ようがんりゅう》に落《お》ちて命《いのち》を落《お》とした。

TIME 22分《ふん》45秒《びょう》

# 巨大《きょだい》な翼《つばさ》 vs. 空飛《そらと》ぶほ乳類《にゅうるい》

START!

地球史上最大《ちきゅうしじょうさいだい》の鳥《とり》
## ペラゴルニス

キツネ顔《がお》のフルーツバット
## オオコウモリ

**DATA**

**分類《ぶんるい》** 鳥類《ちょうるい》・オドントプテリクス目《もく》
ペラゴルニス科《か》
**分布《ぶんぶ》** 北《きた》アメリカ
**年代《ねんだい》** 新生代古第三紀《しんせいだいこだいさんき》
**武器《ぶき》** クチバシ・滑空《かっくう》
**環境《かんきょう》** 空中《くうちゅう》

**DATA**

**分類《ぶんるい》** ほ乳類《にゅうるい》・被甲目《ひこうもく》
オオコウモリ科《か》
**分布《ぶんぶ》** 東南《とうなん》アジア
**年代《ねんだい》** 現代《げんだい》
**武器《ぶき》** 超音波《ちょうおんぱ》・飛行《ひこう》
**環境《かんきょう》** 空中《くうちゅう》

### 恐竜《きょうりゅう》・古生物軍《こせいぶつぐん》

翼《つばさ》を広《ひろ》げると6.4m《メートル》ある、史《し》上最大《じょうさいだい》の鳥《とり》。体《からだ》が非常《ひじょう》に大《おお》きく体重《たいじゅう》もあるため、翼《つばさ》を羽《は》ばたいて飛《と》ぶことはむずかしく、海上《かいじょう》などを、グライダーのように飛行《ひこう》していたと考《かんが》えられている。

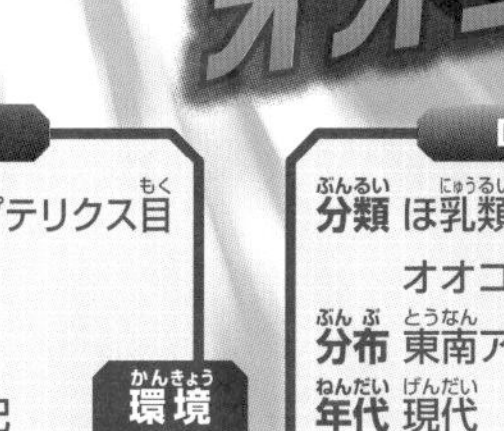


### 危険生物軍《きけんせいぶつぐん》

小《こ》型《がた》のコウモリは耳《みみ》が発達《はったつ》しているのに対《たい》して、大型《おおがた》のコウモリは目《め》が発達《はったつ》し、キツネのような顔《かお》をしている。広《ひろ》げると2m《メートル》近《ちか》くある、指《ゆび》の間《あいだ》にはった膜《まく》で空《そら》を飛《と》ぶ。果実《かじつ》や花《はな》みつを好《この》んで食《た》べる。

**時速《じそく》** 60km《キロメートル》
**体長《たいちょう》** 2m《メートル》（翼幅《よくはば》6.4m《メートル》）／**体重《たいじゅう》** 40kg《キログラム》
**魚食《ぎょしょく》**

**時速《じそく》** 40km《キロメートル》
**体長《たいちょう》** 30cm《センチメートル》（翼幅《よくはば》2m《メートル》）／**体重《たいじゅう》** 17kg《キログラム》
**植物食《しょくぶつしょく》**

## シーン1 オオコウモリに巨大《きょだい》な何者《なにもの》かがせまる

メインフィールド

空《そら》

影《かげ》の正体《しょうたい》は史上最大《しじょうさいだい》の鳥《とり》ペラゴルニスで、グライダー型《がた》の飛《ひ》行《こう》で移動《いどう》していく。オオコウモリは、負《ま》けじと羽《はね》をばたつかせて進《すす》む。両者《りょうしゃ》、デッドヒートをくり広《ひろ》げていく。

## シーン2 両者《りょうしゃ》、一進一退《いっしんいったい》のレース展開《てんかい》

スタート

山岳地帯《さんがくちたい》

オオコウモリが膜《まく》の翼《つばさ》を羽《は》ばたかせて飛《と》んでいると、とつじょ、巨大《きょだい》な影《かげ》におおわれる。

## 3

## ペラゴルニスの大《おお》きな翼《つばさ》に悲劇《ひげき》が

羽《は》ばたいて飛《と》ぶことのできないペラゴルニスは、しだいに失速《しっそく》してくる。そこへ噴火《ふんか》で飛来《ひらい》した岩石《がんせき》が巨大《きょだい》な羽《はね》を直撃《ちょくげき》。ペラゴルニスは、墜落《ついらく》してしまい、オオコウモリが、競《せ》り勝《か》った。

### バトル結果《けっか》

飛行速度《ひこうそくど》はほぼごかくだったが、機敏《きびん》に動《うご》き回《まわ》れるオオコウモリに対《たい》して、巨大《きょだい》な翼《つばさ》で小回《こまわ》りがきかなかったペラゴルニスには噴石《ふんせき》が直撃《ちょくげき》し、敗退《はいたい》した。

# 滑空《かっくう》する恐竜《きょうりゅう》 vs. 空《そら》飛《と》ぶ吸血鬼《きゅうけつき》

光《こう》たくのある羽毛《うもう》を持《も》つ恐竜《きょうりゅう》

## ミクロラプトル

DATA

分類《ぶんるい》 は虫類《ちゅうるい》・獣脚目《じゅうきゃくもく》
ドロマエオサウルス科《か》
分布《ぶんぷ》 中国《ちゅうごく》
年代《ねんだい》 白亜紀前期《はくあきぜんき》
武器《ぶき》 歯《は》・滑空《かっくう》
環境《かんきょう》 陸地《りくち》

闇《やみ》を支配《しはい》するほ乳類《にゅうるい》

## チスイコウモリ（ナミチスイコウモリ）

DATA

分類《ぶんるい》 ほ乳類《にゅうるい》・コウモリ目《もく》
チスイコウモリ科《か》
分布《ぶんぷ》 南米《なんべい》
年代《ねんだい》 現代《げんだい》
武器《ぶき》 吸血《きゅうけつ》・超音波《ちょうおんぱ》・飛行《ひこう》
環境《かんきょう》 空中《くうちゅう》

### 恐竜《きょうりゅう》・古生物軍《こせいぶつぐん》

前《ぜん》後《ご》の足《あし》にある4つの羽《はね》には、浮《う》き上《あ》がるための風切《かざき》り羽《ばね》があり、鳥《とり》への進化《しんか》の途中《とちゅう》にあったことがわかる恐竜《きょうりゅう》だ。まだ空《そら》を飛《と》ぶことはできず、カギヅメのある足《あし》で木《き》を登《のぼ》って、樹上《じゅじょう》から滑空《かっくう》していたと考《かんが》えられている。

時速《じそく》 20km《キロメートル》(滑空《かっくう》)
体長《たいちょう》 50cm《センチメートル》／体重《たいじゅう》 1.4kg《キログラム》
肉食《にくしょく》

### 戦力分析《せんりょくぶんせき》

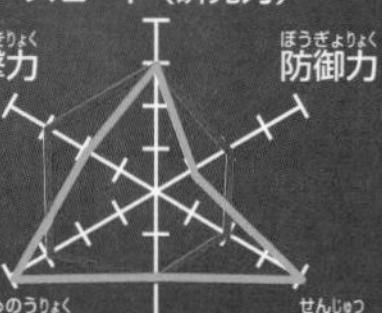


### 危険生物軍《きけんせいぶつぐん》

昼《ひる》間《ま》は洞穴《ほらあな》の中《なか》でぶら下《さ》がってねているが、夜《よる》になると、大《おお》きく反《そ》りあがった鼻《はな》で熱《ねつ》を感知《かんち》してえものを探《さが》す。取《と》りついた動物《どうぶつ》にキバで傷《きず》をつけ、流《なが》れ落《お》ちてきた血《ち》をなめて飲《の》む吸血《きゅうけつ》コウモリだ。

時速《じそく》 30km《キロメートル》
体長《たいちょう》 9cm《センチメートル》／体重《たいじゅう》 33g《グラム》
肉食《にくしょく》

## シーン1 森《もり》の中《なか》を、競《きそ》い合《あ》いながら進《すす》む

ミクロラプトルは、前足《まえあし》と後《うし》ろ足《あし》についた４本《ほん》の羽《はね》を使《つか》って滑空《かっくう》するようにして移動《いどう》していく。チスイコウモリは、ジグザクに飛行《ひこう》しながら進《すす》んでいく。

メインフィールド
**夜《よる》の森《もり》**

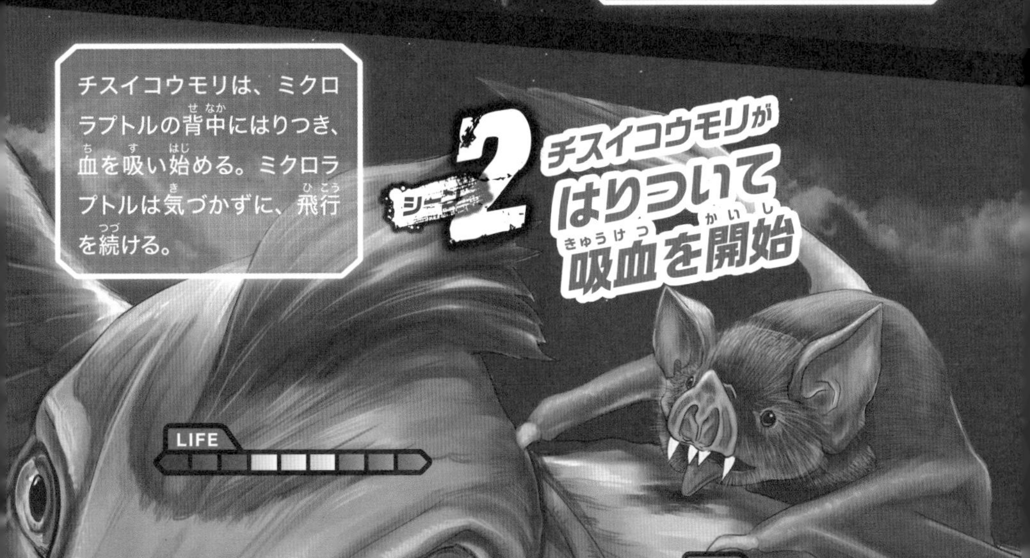


チスイコウモリは、ミクロラプトルの背中《せなか》にはりつき、血《ち》を吸《す》い始《はじ》める。ミクロラプトルは気《き》づかずに、飛行《ひこう》を続《つづ》ける。

## シーン2 チスイコウモリがはりついて吸血《きゅうけつ》を開始《かいし》

スタート
森《もり》

## シーン3

# ミクロラプトル、血《ち》を吸《す》われ続《つづ》けて…

血《ち》を吸《す》われ続《つづ》けていたミクロラプトルは、少《すこ》しずつすい弱《じゃく》。ついに意《い》識《しき》を失《うしな》いつい落《らく》してしまう。チスイコウモリは、ミクロラプトルの背中《せなか》から飛《と》び立《た》ち、目的地《もくてきち》に向《む》かう。

**Winner!**

勝者《しょうしゃ》 危険生物軍《きけんせいぶつぐん》 チスイコウモリ

TIME
8分《ふん》06秒《びょう》

### バトル結果《けっか》

チスイコウモリのキバはするどく、相手《あいて》に気《き》づかれることなく、傷《きず》をつけて血《ち》を吸《す》うのが得意《とくい》だ。コウモリの特《とく》しゅ能力《のうりょく》の前《まえ》に、ミクロラプトルは敗《やぶ》れ去《さ》った。

# 泳《およ》げるオオカミ vs. 泳《およ》げるシカ

陸《りく》を走《はし》るクジラの祖先《そせん》

## メソニクス

水陸両用《すいりくりょうよう》のシカ

## スイロク（サンバー）

**DATA**

**分類《ぶんるい》** ほ乳類《にゅうるい》・メソニクス目《もく》
**分布《ぶんぷ》** ヨーロッパ、アジア、北《きた》アメリカ
**年代《ねんだい》** 新生代古第三紀《しんせいだいこだいさんき》
**武器《ぶき》** 歯《は》・せん水《すい》

**環境《かんきょう》** 陸《りく》&水《すい》

**DATA**

**分類《ぶんるい》** ほ乳類《にゅうるい》・偶蹄目《ぐうていもく》シカ科《か》
**分布《ぶんぷ》** 東南《とうなん》アジア
**年代《ねんだい》** 現代《げんだい》
**武器《ぶき》** キバ・せん水《すい》

**環境《かんきょう》** 陸《りく》&水《すい》

### 恐竜《きょうりゅう》・古生物軍《こせいぶつぐん》

オオカミのような姿《すがた》をしているが、実《じつ》はクジラの祖先《そせん》で、水辺《みずべ》で暮《く》らしながら魚《さかな》をとっていた。手《て》にはまだ水《みず》かきはできておらず、指先《ゆびさき》は小《ちい》さなヒヅメになっていて、走《はし》るのにも適《てき》した体《からだ》をしていた。

**時速《じそく》** 30km《キロメートル》(しっ走《そう》)・3km《キロメートル》(潜水《せんすい》)
**体長《たいちょう》** 1m《メートル》／**体重《たいじゅう》** 80kg《キログラム》
**雑食《ざっしょく》**

### 戦力分析《せんりょくぶんせき》

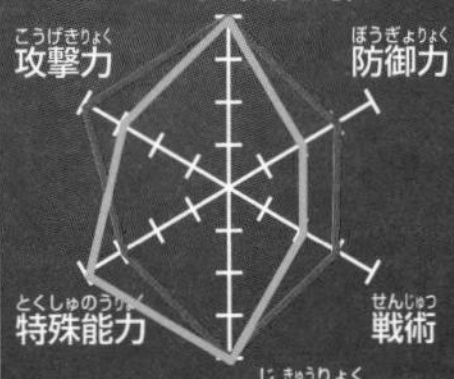


### 危険生物軍《きけんせいぶつぐん》

スイロクは、漢字《かんじ》で「水鹿《すいろく》」と書《か》くように、泳《およ》ぐのが得意《とくい》なシカだ。陸《りく》ではシカならではの敏《びん》しょうさをほこり、水中《すいちゅう》でも素早《すばや》く泳《およ》いで移動《いどう》することができる。オスは、先《せん》たんが枝分《えだわ》かれしたツノを持《も》ち、攻撃力《こうげきりょく》もあわせ持《も》つ。

**時速《じそく》** 50km《キロメートル》(しっ走《そう》)・3km《キロメートル》(潜水《せんすい》)
**体長《たいちょう》** 2m《メートル》／**体重《たいじゅう》** 180kg《キログラム》
**植物食《しょくぶつしょく》**

草原《そうげん》を進《すす》み、流《なが》れの速《はや》い大《おお》きな川《かわ》にさしかかったメソニクスとスイロク。両者《りょうしゃ》ともにひるむことなく、川《かわ》に飛《と》びこんでいく。

## シーン1 メソニクスとスイロク、勢《いきお》いよく川《かわ》にとびこむ

クジラの祖先《そせん》であるメソニクスは、たくみなせん水能力《すいのうりょく》で、川《かわ》をわたっていく。泳《およ》ぎの得意《とくい》なシカであるスイロクも、負《ま》けじとせん水《すい》でついていく。

メインフィールド
水中《すいちゅう》〜草原《そうげん》

## シーン2 水中《すいちゅう》での激《はげ》しいせん水《すい》レースが展開《てんかい》

スタート
草原《そうげん》 川《かわ》 草原《そうげん》

## シーン3 スイロク、草原《そうげん》で大差《たいさ》をつける

**Winner!**

勝《しょう》者《しゃ》 危険生物軍《きけんせいぶつぐん》 **スイロク**

川《かわ》から上《あ》がった2頭《とう》。メソニクスはけん命《めい》に走るが、スイロクのシカならではのしっ走力《そうりょく》にはついていけない。スイロクは、相手《あいて》を大《おお》きくつきはなして、快勝《かいしょう》。

### バトル結果《けっか》

せん水能力《すいのうりょく》はごかくの2頭《とう》だったが、地上《ちじょう》のしっ走《そう》の能力《のうりょく》の高《たか》さで、スイロクがメソニクスを引《ひ》きはなして勝利《しょうり》をつかんだ。

TIME
6分《ふん》48秒《びょう》

# プロペラ戦闘機《せんとうき》 vs.小型《こがた》グライダー

空飛《そらと》ぶ両生類《りょうせいるい》
## トビガエル

地球史上最大《ちきゅうしじょうさいだい》の昆虫《こんちゅう》
## メガネウラ

**DATA**

**分類《ぶんるい》** 昆虫《こんちゅう》・オオトンボ目《もく》
メガネウラ科《か》
**分布《ぶんぷ》** パンゲア
**年代《ねんだい》** 古生代《こせいだい》・石炭紀《せきたんき》
**武器《ぶき》** アゴ・飛行《ひこう》
**環境《かんきょう》** 空中《くうちゅう》

**DATA**

**分類《ぶんるい》** 両生類《りょうせいるい》・カエル目《もく》
アオガエル科《か》
**分布《ぶんぷ》** 東南《とうなん》アジア
**年代《ねんだい》** 現代《げんだい》
**武器《ぶき》** 滑空《かっくう》
**環境《かんきょう》** 陸《りく》&水《みず》

### 恐竜《きょうりゅう》・古生物軍《こせいぶつぐん》

地《ち》球史上最大《きゅうしじょうさいだい》の昆虫《こんちゅう》で、体《からだ》は大《おお》きいが、敏《びん》しょう性《せい》は高《たか》く、静止飛行《せいしひこう》をすることも可能《かのう》だった。空中《くうちゅう》を飛《と》びながら他《ほか》の昆虫《こんちゅう》を、大《おお》きく強《きょう》じんなアゴでつかまえて、かみくだき、エサにしていた。

**時速《じそく》** 30km《キロメートル》
**体長《たいちょう》** 70cm《センチメートル》／**体重《たいじゅう》** 60g《グラム》
**肉食《にくしょく》**

### 戦力分析《せんりょくぶんせき》

### 危険生物軍《きけんせいぶつぐん》

長《なが》い指《ゆび》をいっぱいに広《ひろ》げると、四肢《しし》の先《さき》がおうぎのような形《かたち》になる。この4つのおうぎを使《つか》い、さらに腹《はら》をへこませて体《からだ》を平《ひら》たくすることで浮力《ふりょく》をつけて、森《もり》の中《なか》を木《き》から木《き》へと滑空《かっくう》していく。最大《さいだい》で15m《メートル》ほど滑空《かっくう》できる。

**時速《じそく》** 1km《キロメートル》(滑空《かっくう》)
**体長《たいちょう》** 1cm《センチメートル》／**体重《たいじゅう》** 不明《ふめい》
**昆虫食《こんちゅうしょく》**

## シーン1 トビガエルが滑空《かっくう》で勢《いきお》いよく進《すす》む

メインフィールド

**森《もり》の湿地《しっち》**

トビガエルが、樹上《じゅじょう》から飛《と》び、滑空《かっくう》でぐんぐん進《すす》んでいく。はなれた場所《ばしょ》に、トンボの影《かげ》が見《み》える。

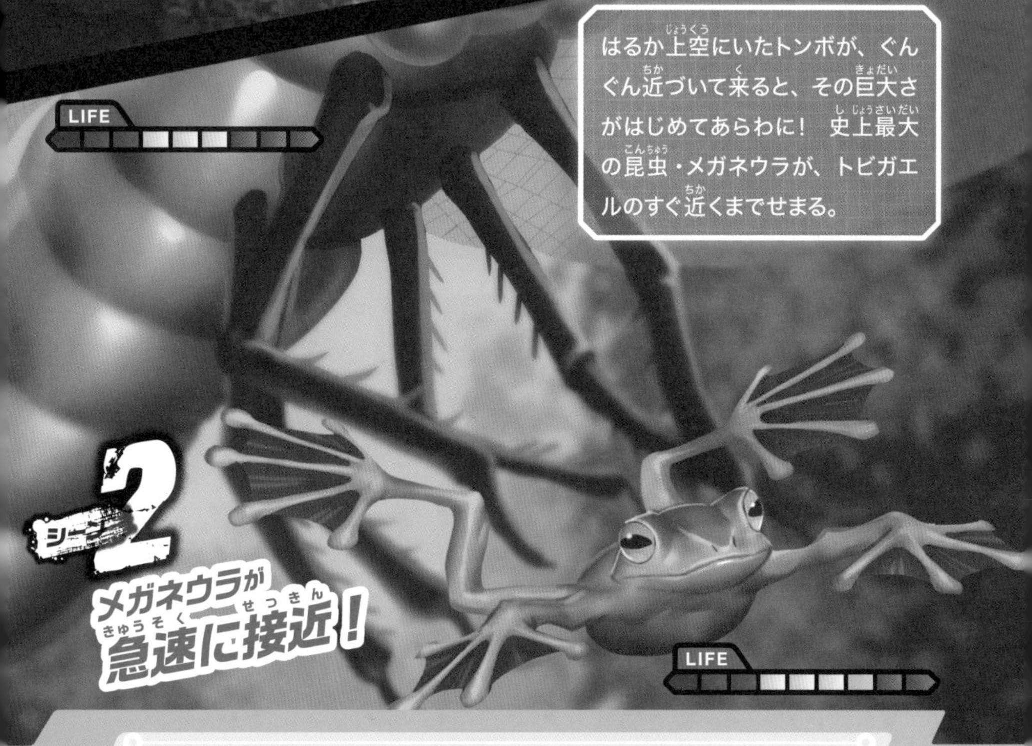


はるか上空《じょうくう》にいたトンボが、ぐんぐん近《ちか》づいて来《く》ると、その巨大《きょだい》さがはじめてあらわに！　史上最大《しじょうさいだい》の昆虫《こんちゅう》・メガネウラが、トビガエルのすぐ近《ちか》くまでせまる。

## シーン2 メガネウラが急速《きゅうそく》に接近《せっきん》！

スタート　森《もり》　湿地《しっち》　草原《そうげん》

# Winner!

勝者《しょうしゃ》 恐竜《きょうりゅう》・古生物軍《こせいぶつぐん》 メガネウラ

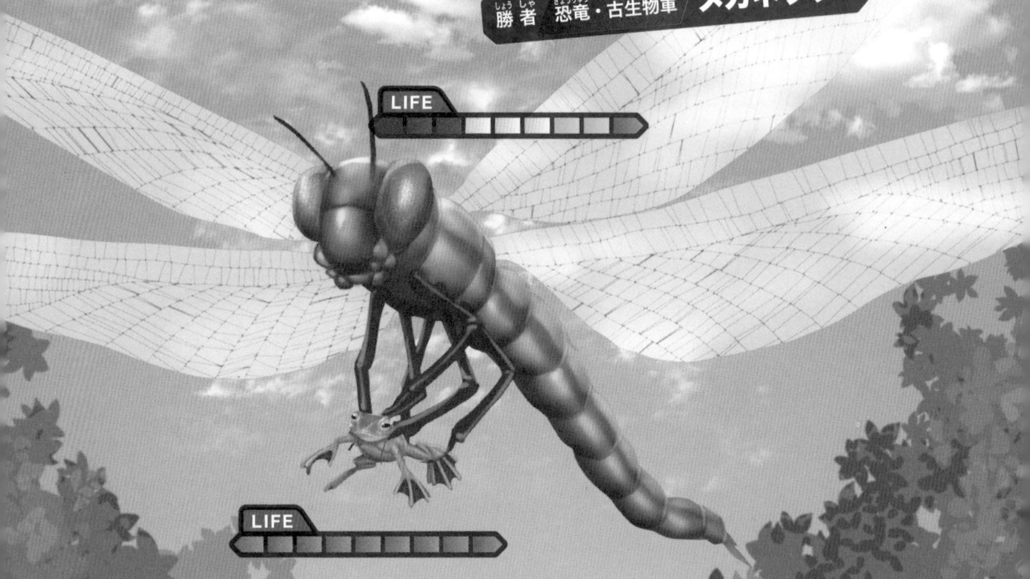


## シー 3
## メガネウラの見事《みごと》な空中《くうちゅう》キャッチ

メガネウラは、滑空《かっくう》するトビガエルを見事《みごと》キャッチし、食《た》べながら飛行《ひこう》を続《つづ》ける。

TIME
0分《ふん》58秒《びょう》

### バトル結果《けっか》

空《そら》を自由《じゆう》に飛《と》びまわることができるメガネウラが、滑空《かっくう》するトビガエルを捕食《ほしょく》。長旅《ながたび》のエネルギー補《ほ》給《きゅう》をして、勝利《しょうり》した。

# 魚《さかな》とりの名手《めいしゅ》 vs.小《ちい》さな吸血鳥《きゅうけつちょう》

大《おお》きなクチバシを持《も》つ巨大翼竜《きょだいよくりゅう》

## プテラノドン

血《ち》を飲《の》むゆい一《いつ》の鳥《とり》

## ハシボソガラパゴスフィンチ

**DATA**

**分類《ぶんるい》** は虫類《ちゅうるい》・翼竜目《よくりゅうもく》
プテラノドン科《か》
**分布《ぶんぷ》** アメリカ・日本《にほん》
**年代《ねんだい》** 中生代白亜紀後期《ちゅうせいだいはくあきこうき》
**武器《ぶき》** 滑空《かっくう》・羽《はね》
**環境《かんきょう》** 空中《くうちゅう》

**DATA**

**分類《ぶんるい》** 鳥類《ちょうるい》・スズメ目《もく》
フウキンチョウ科《か》
**分布《ぶんぷ》** ガラパゴス諸島《しょとう》
**年代《ねんだい》** 現代《げんだい》
**武器《ぶき》** 吸血《きゅうけつ》
**環境《かんきょう》** 空中《くうちゅう》

**恐竜《きょうりゅう》・古生物軍《こせいぶつぐん》**

長《なが》いトサカとクチバシのある大《おお》きな頭部《とうぶ》がトレードマークの大型《おおがた》の翼竜《よくりゅう》であるが、大《おお》きさの割《わり》に体重《たいじゅう》が軽《かる》く、最高速度《さいこうそくど》50km《キロメートル》で機敏《きびん》に移動《いどう》することが可能《かのう》だった。

**戦力分析《せんりょくぶんせき》**

**危険生物軍《きけんせいぶつぐん》**

ガラパゴス諸島《しょとう》に生息《せいそく》する鳥《とり》だが、ダーウィン島《とう》とウォルフ島《とう》の2島《とう》に生息《せいそく》する亜種《あしゅ》だけが、血《ち》を吸《す》う特《とく》しゅな習性《しゅうせい》を持《も》っている。カツオドリなどの他《ほか》の生《せい》物《ぶつ》の背後《はいご》からクチバシでついて、流《なが》れ出《で》た血液《けつえき》を飲《の》む。

**時速《じそく》** 50km《キロメートル》
**体長《たいちょう》** 1.8m《メートル》（翼幅《よくはば》7m《メートル》）／**体重《たいじゅう》** 25kg《キログラム》
**魚食《ぎょしょく》**

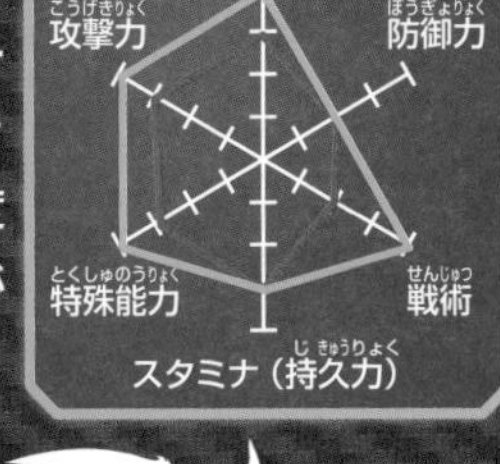

**時速《じそく》** 60km《キロメートル》
**体長《たいちょう》** 15cm《センチメートル》／**体重《たいじゅう》** 20g《グラム》
**肉食《にくしょく》**

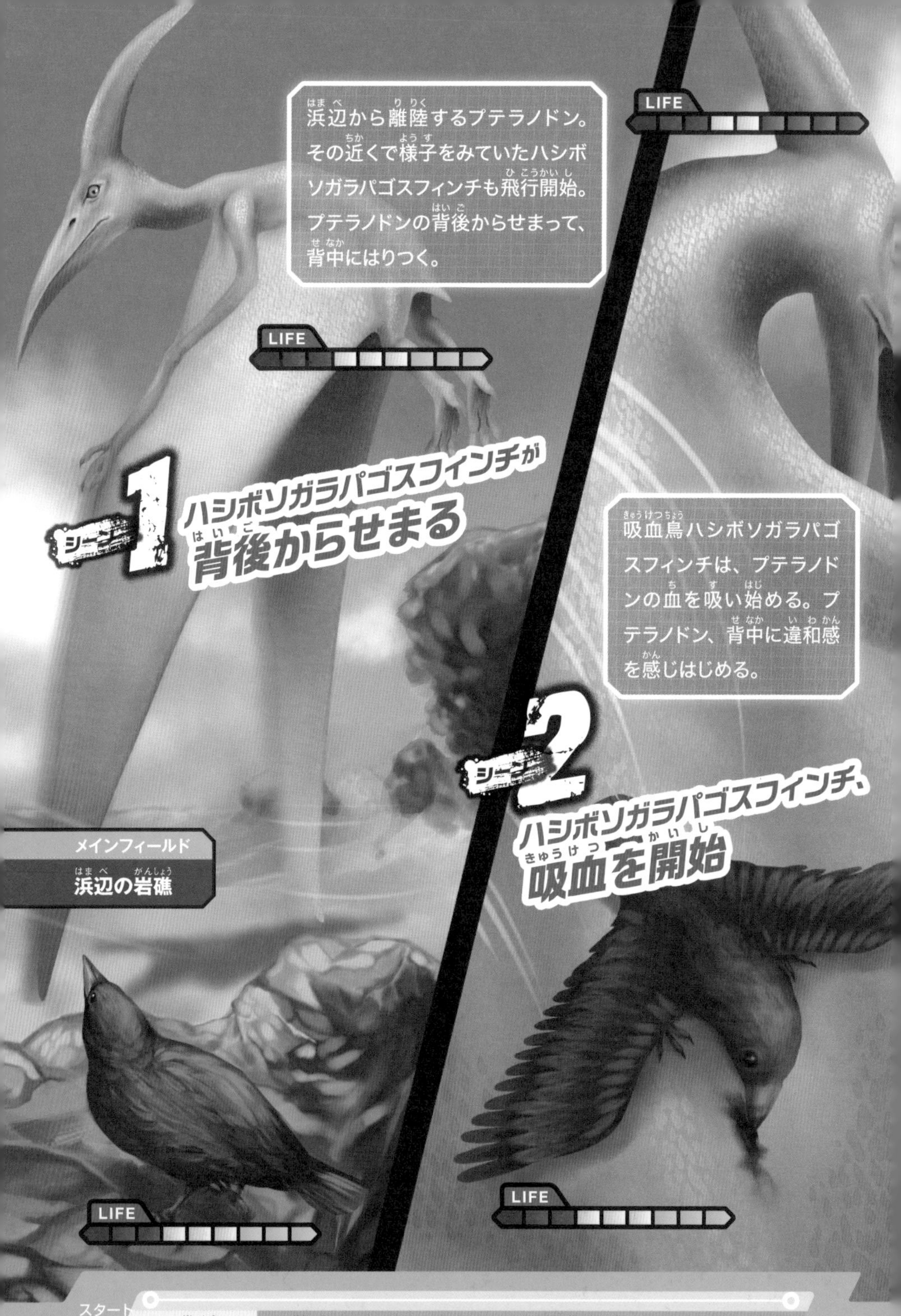


浜辺《はまべ》から離陸《りりく》するプテラノドン。その近《ちか》くで様子《ようす》をみていたハシボソガラパゴスフィンチも飛行開始《ひこうかいし》。プテラノドンの背後《はいご》からせまって、背中《せなか》にはりつく。

## シーン1 ハシボソガラパゴスフィンチが背後《はいご》からせまる

メインフィールド
浜辺《はまべ》の岩礁《がんしょう》

吸血鳥《きゅうけつちょう》ハシボソガラパゴスフィンチは、プテラノドンの血《ち》を吸《す》い始《はじ》める。プテラノドン、背中《せなか》に違和感《いわかん》を感《かん》じはじめる。

## シーン2 ハシボソガラパゴスフィンチ、吸血《きゅうけつ》を開始《かいし》

スタート
岩礁《がんしょう》 浜辺《はまべ》 森《もり》

## シーン3 プテラノドン、必殺《ひっさつ》の急降下《きゅうこうか》

**Winner!**

勝者《しょうしゃ》 恐竜《きょうりゅう》・古生物軍《こせいぶつぐん》 プテラノドン

プテラノドンは、グライダーのように急降下《きゅうこうか》。速度《そくど》を上《あ》げて吸血鳥《きゅうけつちょう》をふり落《お》とし、もうスピードで一直線《いっちょくせん》に進《すす》んでいく。

### バトル結果《けっか》

空中《くうちゅう》で機敏《きびん》に動《うご》き回《まわ》ることができるプテラノドン。その飛行能力《ひこうのうりょく》の高《たか》さによって、ハシボソガラパゴスフィンチはあえなくふり落《お》とされ、大差《たいさ》をつけられてしまった。

TIME
3分《ふん》21秒《びょう》

# 空《そら》を飛《と》ぶ動物《どうぶつ》の歴史《れきし》

なぜ空《そら》を飛《と》び始《はじ》めたのか？

## 節足動物《せっそくどうぶつ》や両生類《りょうせいるい》が陸上生活《りくじょうせいかつ》を始《はじ》める

46億年前《おくねんまえ》に地球《ちきゅう》が誕生《たんじょう》し、44億《おく》年前《ねんまえ》に海《うみ》ができ、はじめの生命《せいめい》が誕生《たんじょう》したのは38億年《おくねん》ほど前《まえ》のこと。それは、小《ちい》さな小《ちい》さな1つの細胞《さいぼう》だけでできた生物《せいぶつ》でした。生物《せいぶつ》は進化《しんか》をして、海《うみ》の中《なか》で大《だい》はん栄《えい》しました。

そして、生物《せいぶつ》は不可能《ふかのう》と思《おも》えることを、じっくりと時間《じかん》をかけて次《つぎ》つぎと乗《の》り越《こ》えてきました。古生代《こせいだい》のシルル紀《き》からデボン紀《き》（約《やく》4億《おく》～3億年前《おくねんまえ》）にかけて、ついに植物《しょくぶつ》、節足動物《せっそくどうぶつ》、両生《りょうせい》類《るい》が陸上生活《りくじょうせいかつ》を始《はじ》めたのです。

## 昆虫《こんちゅう》が空《そら》を飛《と》び始《はじ》めクモが巣《す》を作《つく》る

陸《りく》での生活《せいかつ》を始《はじ》めた生物《せいぶつ》たちに待《ま》っていたのは、きびしい生存競争《せいぞんきょうそう》でした。古代《こだい》の地上《ちじょう》では、地面《じめん》をはい回《まわ》る虫《むし》たちは、エサや安全《あんぜん》な住《す》み家《か》をうばい合《あ》うだけでなく、古代《こだい》のクモやサソリなどの捕食者《ほしょくしゃ》に常《つね》にねらわれました。そこで速《はや》く逃《に》げられるように、6本《ぽん》の長《なが》い足《あし》を持《も》つようになります。

それに対応《たいおう》して、クモはあみ型《がた》の巣《す》を発明《はつめい》し、素早《すばや》く動《うご》く生物《せいぶつ》をとらえました。クモは、その糸《いと》を、空《そら》を移動《いどう》する道具《どうぐ》にも使《つか》いました。

空《そら》飛《と》ぶ昆虫《こんちゅう》カゲロウ。

## 木《き》から木《き》へと滑空《かっくう》する生物《せいぶつ》が登場《とうじょう》

3億年前《おくねんまえ》（恐竜時代《きょうりゅうじだい》の前《まえ》）には、すでにトンボが太古《たいこ》の空《そら》を飛《と》んでいました。ジュラ紀《き》（約《やく》2億年前《おくねんまえ》）には始祖《しそ》鳥《ちょう》が誕生《たんじょう》。脊椎動物《せきついどうぶつ》は体《からだ》が重《おも》たく、自《じ》分《ぶん》の体《からだ》を羽《は》ばたいて浮《う》かび上《あ》がらせることが難《むずか》しいため、木《き》の上《うえ》から飛《と》び下《お》り

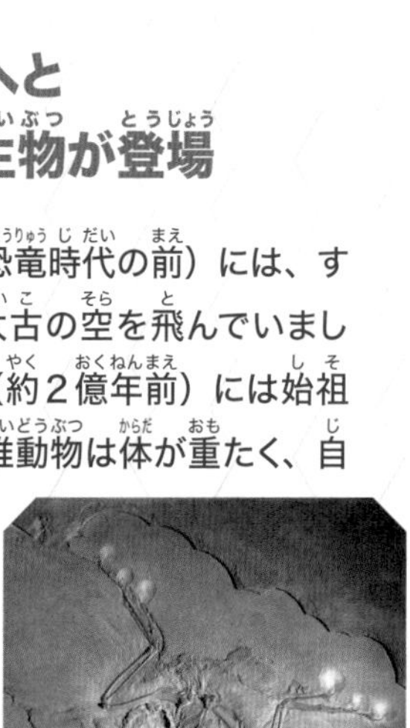

始祖鳥《しそちょう》と呼《よ》ばれるアーケオプテリクスの化石《かせき》。

写真：H. Raab

滑空《かっくう》するムササビ。

ひまくを広《ひろ》げて長《ちょう》きょりを滑空《かっくう》できるヒヨケザル。

写真：Bernard DUPONT

滑空《かっくう》できるリスの仲間《なかま》モモンガ。

写真：Cephas

てグライダーのように滑空《かっくう》する飛行《ひこう》スタイルでした。この方法《ほうほう》は、ムササビ、モモンガ、ヒヨケザルのほか、トカゲ、ヘビ、カエルまで、多《おお》くの生物《せいぶつ》が採用《さいよう》しました。

## 空《そら》を飛《と》ぶスペシャリスト〝鳥《とり》〟が多様《たよう》な進化《しんか》をとげる

多《おお》くの生物《せいぶつ》が、少《すこ》しでも遠《とお》くへ、少《すこ》しでも速《はや》く移動《いどう》できることが重要《じゅうよう》だったのでしょう。その成功《せいこう》のカギとなったのが、空《そら》を飛《と》ぶことだったわけです。鳥類《ちょうるい》たちは、さらに体《からだ》の機能《きのう》を進化《しんか》させながら、その環境《かんきょう》や目的《もくてき》に合《あ》わせて、多様《たよう》な翼《つばさ》を獲得《かくとく》していきました。

細長《ほそなが》い形状《けいじょう》で、飛《と》び立《た》つのは苦手《にがて》だが、滑空《かっくう》に適《てき》した「尖翼《せんよく》」。

風《かぜ》を受《う》け止《と》めやすく、羽《は》ばたかずに飛《と》べ、低《てい》速《そく》でも飛《と》べる「烈翼《れつよく》」。

面積《めんせき》が広《ひろ》く円形《えんけい》で、高《こう》速《そく》で飛行《ひこう》でき、小回《こまわ》りもきく「円翼《えんよく》」。

面積《めんせき》が広《ひろ》く短《みじか》い形《けい》状《じょう》のため、素早《すばや》く羽《は》ばたけ、方向転《ほうこうてん》かんしやすい「扇《せん》翼《よく》」。

# 鳥《とり》の祖先《そせん》・始祖鳥《しそちょう》 VS. 恐《おそ》れを知《し》らぬ鳥《とり》

鳥《とり》の祖先《そせん》
## アーケオプテリクス

勇《いさ》ましき日本《にほん》の国鳥《こくちょう》
## ニホンキジ

**DATA**

**分類《ぶんるい》** 鳥類《ちょうるい》・獣脚亜目《じゅうきゃくあもく》
アーケオプテリクス科《か》
**分布《ぶんぷ》** ヨーロッパ
**年代《ねんだい》** 中生代《ちゅうせいだい》ジュラ紀後期《きこうき》
**武器《ぶき》** 歯《は》・滑空《かっくう》
**環境《かんきょう》** 陸《りく》&空《そら》

**DATA**

**分類《ぶんるい》** 鳥類《ちょうるい》・キジ目《もく》キジ科《か》
**分布《ぶんぷ》** 日本《にほん》
**年代《ねんだい》** 現代《げんだい》
**武器《ぶき》** クチバシ・足《あし》
**環境《かんきょう》** 陸《りく》&空《そら》

**恐竜《きょうりゅう》・古生物軍《こせいぶつぐん》**

現生《げんせい》の鳥類《ちょうるい》に最《もっと》も近《ちか》い、翼《つばさ》を備《そな》えている最初《さいしょ》の鳥類《ちょうるい》で、「始祖鳥《しそちょう》」と呼《よ》ばれる。は虫類《ちゅうるい》の特《とく》ちょうである、獲物《えもの》をつかまえるためのするどい歯《は》を持《も》つ。翼《つばさ》はあるが、空《そら》を飛《と》ぶことはできず、グライダーのように滑空《かっくう》していた。

**時速《じそく》** 20km《キロメートル》（しっ走《そう》）・6km《キロメートル》(滑空《かっくう》)
**体長《たいちょう》** 51cm《センチメートル》／**体重《たいじゅう》** 1kg《キログラム》
**肉食《にくしょく》**

**戦力分析《せんりょくぶんせき》**

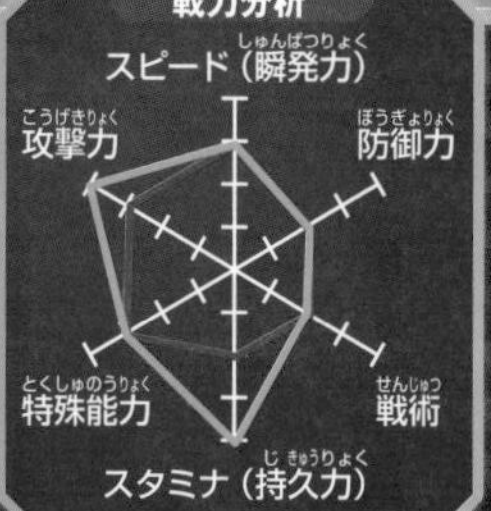


**危険生物軍《きけんせいぶつぐん》**

とう争心《そうしん》が非常《ひじょう》に高《たか》く、クチバシで相手《あいて》を攻《せ》め立《た》てるのが得意技《とくいわざ》で、戦《せん》とう能力《のうりょく》も高《たか》い。長距離《ちょうきょり》を時速《じそく》20km《キロメートル》で素早《すばや》く移動《いどう》できる強《きょう》じんな脚力《きゃくりょく》が自《じ》まんだ。いざとなれば空《そら》を羽《は》ばたいて移動《いどう》することも可能《かのう》だ。

**時速《じそく》** 20km《キロメートル》（しっ走《そう》）・35km《キロメートル》(飛行《ひこう》)
**体長《たいちょう》** 80cm《センチメートル》／**体重《たいじゅう》** 1kg《キログラム》
**雑食《ざっしょく》**

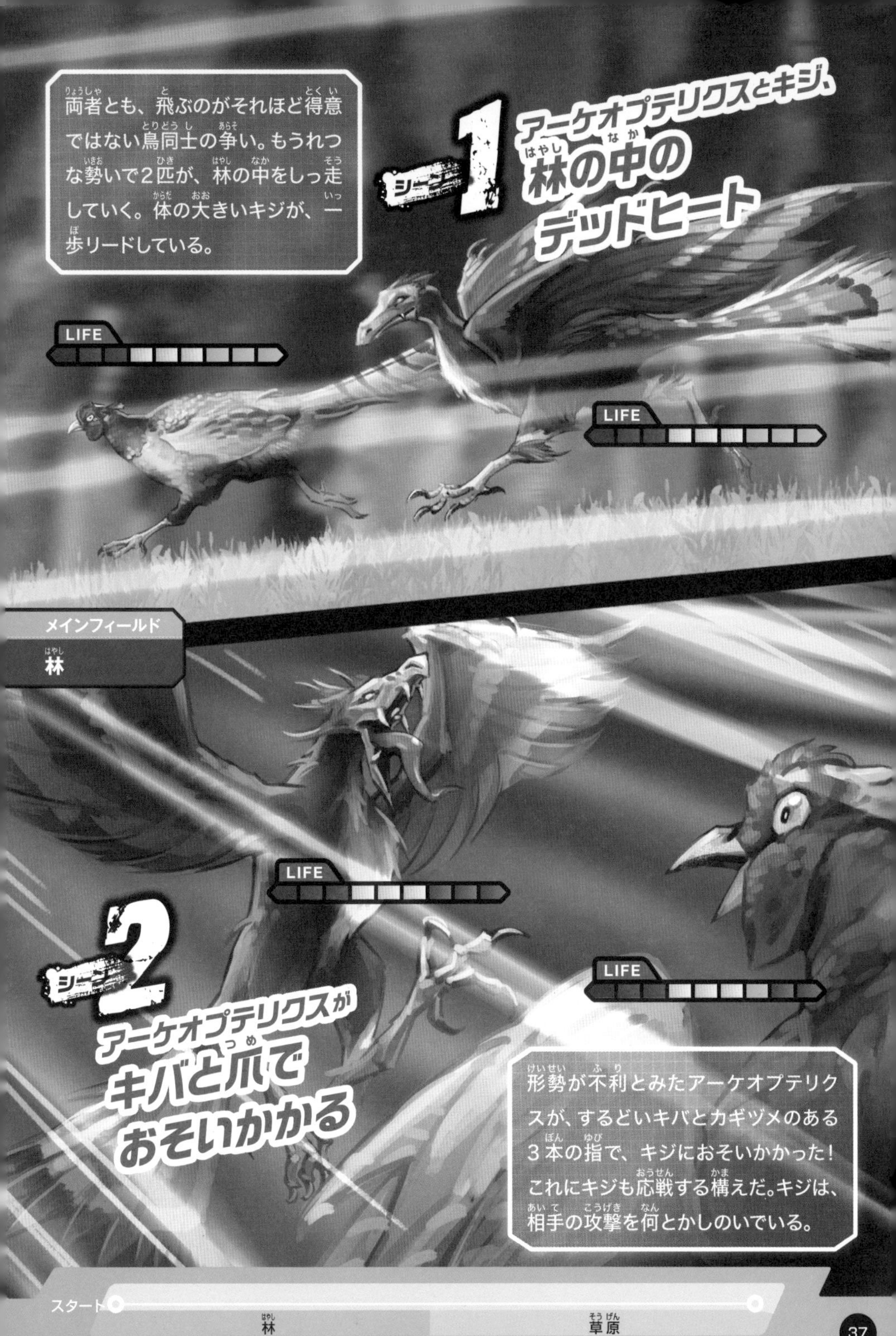


両者《りょうしゃ》とも、飛《と》ぶのがそれほど得意《とくい》ではない鳥同士《とりどうし》の争《あらそ》い。もうれつな勢《いきお》いで2匹《ひき》が、林《はやし》の中《なか》をしっ走《そう》していく。体《からだ》の大《おお》きいキジが、一《いっ》歩《ぽ》リードしている。

## シーン1 アーケオプテリクスとキジ、林《はやし》の中《なか》のデッドヒート

メインフィールド
林《はやし》

## シーン2 アーケオプテリクスがキバと爪《つめ》でおそいかかる

形勢《けいせい》が不利《ふり》とみたアーケオプテリクスが、するどいキバとカギヅメのある3本《ぼん》の指《ゆび》で、キジにおそいかかった！これにキジも応戦《おうせん》する構《かま》えだ。キジは、相手《あいて》の攻撃《こうげき》を何《なん》とかしのいでいる。

スタート
林《はやし》 草原《そうげん》

## シー
## 3
## キジのジャンプつつきがさくれつ！

## Winner!

勝者《しょうしゃ》 危険生物軍《きけんせいぶつぐん》 ニホンキジ

キジは、翼《つばさ》を使《つか》ったたい空時間《くうじかん》の長《なが》いジャンプからの、クチバシのつつき攻撃《こうげき》、さらにキックからのひっかき攻撃《こうげき》で反撃《はんげき》する！　アーケオプテリクスは、もはや動《うご》けず、リタイヤ。

### バトル結果《けっか》

最初《さいしょ》は、キジの飛行《ひこう》とアーケオプテリクスの滑空《かっくう》で、どちらもひかないレース展開《てんかい》。戦《せん》とうがぼっ発《ぱつ》すると、高度《こうど》な戦《せん》とう技術《ぎじゅつ》をほこるキジがアーケオプテリクスをノックアウトした。

TIME
4分《ふん》49秒《びょう》

# ジュラ紀《き》の翼竜《よくりゅう》 vs. 現生《げんせい》の滑空《かっくう》トカゲ

## 空《そら》飛《と》ぶ漁師《りょうし》 ランフォリンクス

## 木《き》から木《き》へとぶ忍者《にんじゃ》 トビトカゲ

**DATA**

分類《ぶんるい》 は虫類《ちゅうるい》・翼竜目《よくりゅうもく》
ランフォリンクス科《か》
分布《ぶんぷ》 ヨーロッパ・アフリカ
年代《ねんだい》 中生代《ちゅうせいだい》ジュラ紀《き》
武器《ぶき》 歯《は》・飛行《ひこう》
環境《かんきょう》 空中《くうちゅう》

**DATA**

分類《ぶんるい》 は虫類《ちゅうるい》・有鱗目《ゆうりんもく》アガマ科《か》
分布《ぶんぷ》 東南《とうなん》アジア
年代《ねんだい》 現代《げんだい》
武器《ぶき》 歯《は》・滑空《かっくう》
環境《かんきょう》 陸《りく》&空《そら》

### 恐竜《きょうりゅう》・古生物軍《こせいぶつぐん》

翼《よく》竜《りゅう》のなかまで、長《なが》い尾《お》をつかって、空中《くうちゅう》で方向転《ほうこうてん》かんをしながら飛《と》び回《まわ》っていた。するどくとがった歯《は》で、主《おも》に魚《さかな》や頭足類《とうそくるい》を食《た》べていた。泳《およ》ぐこともできたと考《かんが》えられている。

時速《じそく》 40km《キロメートル》(飛行《ひこう》)
体長《たいちょう》 1.26m《メートル》（翼長《よくちょう》1.81m《メートル》）／体重《たいじゅう》 3kg《キログラム》
魚食《ぎょしょく》

### 戦力分析《せんりょくぶんせき》

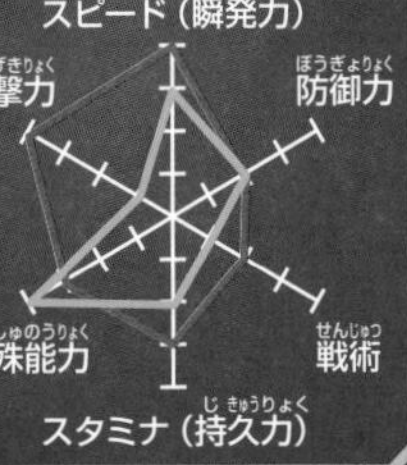

### 危険生物軍《きけんせいぶつぐん》

前《ぜん》後《ご》の足《あし》の間《あいだ》に被膜《ひまく》をもち、それで空気抵抗《くうきていこう》を受《う》けながら、木《き》から木《き》へ滑空《かっくう》で移動《いどう》する。その飛距離《ひきょり》は十数m《じゅうすうメートル》におよぶ。体長《たいちょう》の3分《ぶん》の2をしめる長《なが》い尾《お》は、滑空《かっくう》のときにふることで方《ほう》向転《こうてん》かんできる。

時速《じそく》 5km《キロメートル》(滑空《かっくう》)
体長《たいちょう》 20cm《センチメートル》／体重《たいじゅう》 不明《ふめい》
昆虫食《こんちゅうしょく》

## シーン1 低空飛行《ていくうひこう》VS滑空《かっくう》

森林《しんりん》を低空飛行《ていくうひこう》で飛《と》んでいくランフォリンクス。それをトビトカゲが、木《き》から木《き》へ、滑空《かっくう》しながら追《お》っていく。古代《こだい》と現生《げんせい》の空中《くうちゅう》を移動《いどう》する、は虫類同士《ちゅうるいどうし》の対決《たいけつ》だ。

## シーン2 トビトカゲが間一髪《かんいっぱつ》でかわす

ランフォリンクスが、ならんで滑空《かっくう》するトビトカゲに、かみつきにいく。しかし、トビトカゲは、長《なが》い尻尾《しっぽ》をふって体《からだ》をひるがえし、ひらりと攻撃《こうげき》をかわす。

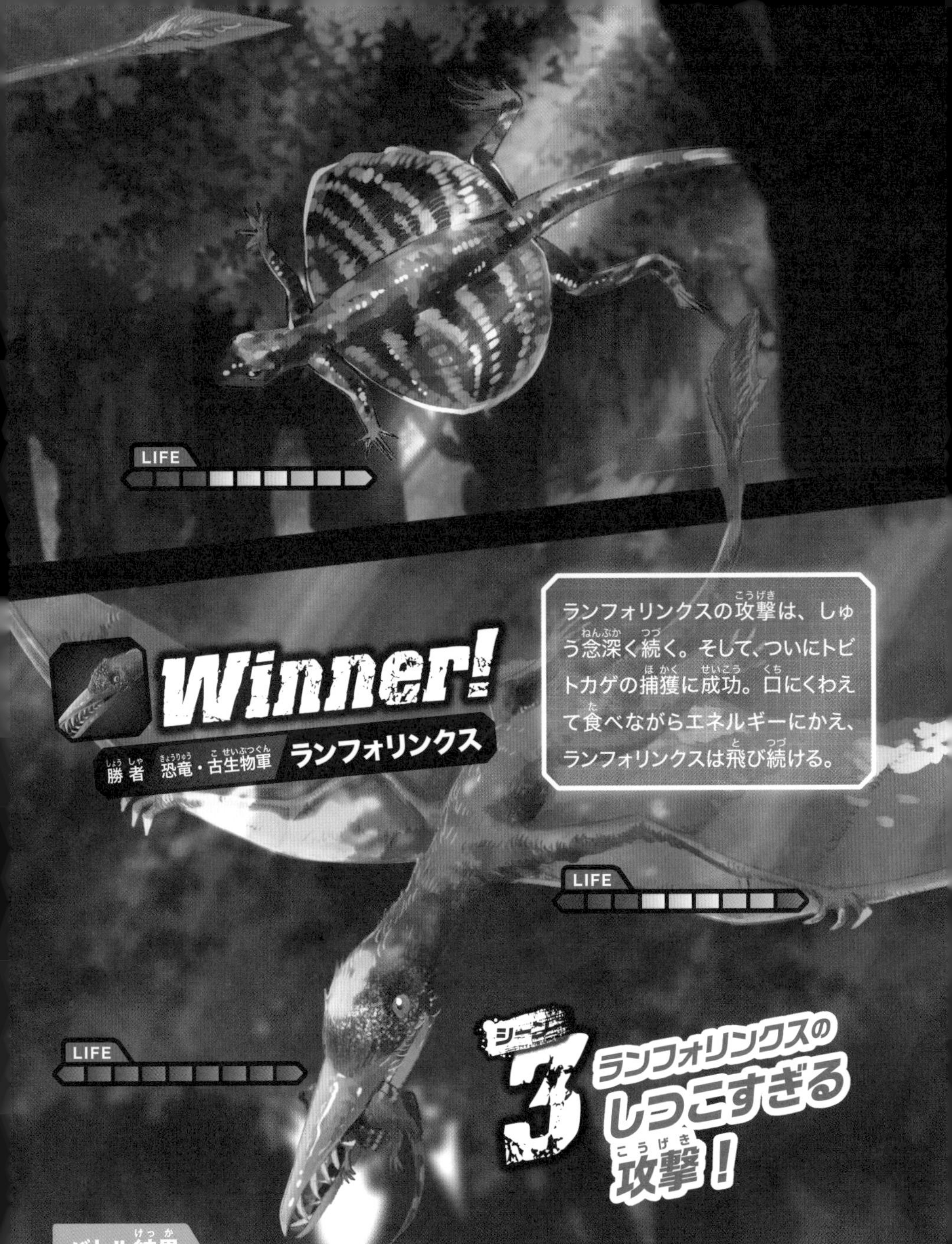


ランフォリンクスの攻撃《こうげき》は、しゅう念深《ねんぶか》く続《つづ》く。そして、ついにトビトカゲの捕獲《ほかく》に成功《せいこう》。口《くち》にくわえて食《た》べながらエネルギーにかえ、ランフォリンクスは飛《と》び続《つづ》ける。

## Winner!

勝者《しょうしゃ》 恐竜《きょうりゅう》・古生物軍《こせいぶつぐん》 ランフォリンクス

## シーン3 ランフォリンクスのしつこすぎる攻撃《こうげき》！

### バトル結果《けっか》

ランフォリンクスは、飛行《ひこう》しながら尾《お》を使《つか》って方向転《ほうこうてん》かんをするたくみな飛行技術《ひこうぎじゅつ》で、ライバルのトビトカゲの捕獲《ほかく》に成功《せいこう》した。しっかりとエネルギー補給《ほきゅう》をして、さらに先《さき》へと進《すす》む。

TIME
3分《ふん》55秒《びょう》

# 空《そら》飛《と》ぶ肉食獣《にくしょくじゅう》 VS.最強《さいきょう》の毒針《どくばり》

古代《こだい》の肉食《にくしょく》モモンガ

## ボラティコテリウム

**DATA**

**分類《ぶんるい》** ほ乳類《にゅうるい》・翔獣目《しょうじゅうもく》
ボラティコテリウム科《か》
**分布《ぶんぶ》** 中国《ちゅうごく》
**年代《ねんだい》** 中生代《ちゅうせいだい》ジュラ紀《き》
**武器《ぶき》** キバ
**環境《かんきょう》** 陸《りく》&空《そら》

世界最強《せかいさいきょう》のハチ

## オオスズメバチ

**DATA**

**分類《ぶんるい》** 昆虫《こんちゅう》・ハチ目《もく》
スズメバチ科《か》
**分布《ぶんぶ》** 日本《にほん》
**年代《ねんだい》** 現代《げんだい》
**武器《ぶき》** あご・毒針《どくばり》
**環境《かんきょう》** 空中《くうちゅう》

### 恐竜《きょうりゅう》・古生物軍《こせいぶつぐん》

ジュラ紀《き》の森《もり》で暮《く》らしていた、最古《さいこ》の滑空《かっくう》するほ乳《にゅう》類《るい》。現生《げんせい》の滑空《かっくう》する生物《せいぶつ》が植物《しょくぶつ》食《しょく》なのに対《たい》して、ボラティコテリウムは昆虫《こんちゅう》などを食《た》べる肉食《にくしょく》だ。夜《よる》の森《もり》をたくみに滑空《かっくう》して、するどくとがった歯《は》で獲物《えもの》をとらえた。

**時速《じそく》** 6km《キロメートル》(滑空《かっくう》)
**体長《たいちょう》** 14cm《センチメートル》／**体重《たいじゅう》** 300g《グラム》
**肉食《にくしょく》**

### 戦力分析《せんりょくぶんせき》

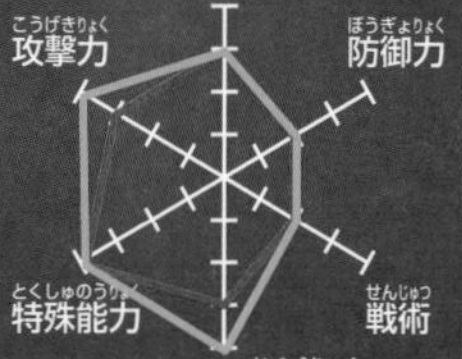

### 危険生物軍《きけんせいぶつぐん》

猛毒《もうどく》の毒針《どくばり》は、ミツバチとちがって、何度《なんど》でもさすことができる。巨大《きょだい》なあごで、獲物《えもの》を切《き》りきざんで肉《にく》だんごにすることができる。飛行能力《ひこうのうりょく》も高《たか》く、時速《じそく》40km《キロメートル》で、1日《にち》100km《キロメートル》もの距離《きょり》を移動《いどう》することが可能《かのう》だ。

**時速《じそく》** 15km《キロメートル》(飛行《ひこう》)
**体長《たいちょう》** 5.5cm《センチメートル》（翼長《よくちょう》7.6cm《センチメートル》）／**体重《たいじゅう》** 3g《グラム》
**植物食《しょくぶつしょく》**

## シー 1

# ボラティコテリウムが林《はやし》を滑空《かっくう》で進《すす》む

高《たか》い木《き》の少《すく》ない草原《そうげん》では不《ふ》利《り》なボラティコテリウムだが、林《はやし》に入《はい》ると移動速度《いどうそくど》がアップ。ついにオオスズメバチに追《お》いついた。

メインフィールド
林床《りんしょう》

しかし、木《き》から木《き》への滑空《かっくう》での移動《いどう》をくり返《かえ》しているボラティコテリウムは、さすがに体力《たいりょく》を消《しょう》もうしてくる。対《たい》するオオスズメバチは、低空飛行《ていくうひこう》でマイペースに移動《いどう》を続《つづ》けている。

## シー 2

# オオスズメバチはマイペースで飛行《ひこう》する

スタート
草原《そうげん》 林《はやし》

## シーン3 ボラティコテリウム、肉食生物《にくしょくせいぶつ》の本領発揮《ほんりょうはっき》！

体力《たいりょく》が落《お》ちてしまったボラティコテリウムだが、滑空《かっくう》で急降下《きゅうこうか》しながら、スズメバチの毒針《どくばり》をさけてキャッチ。そのままムシャムシャと食《た》べながら滑《かっ》空《くう》を続《つづ》ける。

### バトル結果《けっか》

現生《げんせい》のムササビやモモンガなどの滑空生物《かっくうせいぶつ》がみな植物食《しょくぶつしょく》のため、身《み》の危険《きけん》はないと油断《ゆだん》をしたオオスズメバチ。意外《いがい》にも、肉食滑空生物《にくしょくかっくうせいぶつ》だったボラティコテリウムに、なすすべもなく食《た》べられてしまった。

TIME
1分《ふん》30秒《びょう》

# 巨大《きょだい》なキバ vs.驚異《きょうい》のあく力《りょく》

空《そら》の絶対王者《ぜったいおうじゃ》
## イヌワシ

**DATA**

**分類《ぶんるい》** 鳥類《ちょうるい》・タカ目《もく》タカ科《か》
**分布《ぶんぷ》** 北半球《きたはんきゅう》の山岳地帯《さんがくちたい》
**年代《ねんだい》** 現代《げんだい》
**武器《ぶき》** あく力《りょく》・急降下《きゅうこうか》
**環境《かんきょう》** 空中《くうちゅう》

巨大《きょだい》すぎるキバ
## ティラコスミルス

**DATA**

**分類《ぶんるい》** ほ乳類《にゅうるい》・有袋上目《ゆうたいじょうもく》
ティラコスミルス科《か》
**分布《ぶんぷ》** 南《みなみ》アメリカ
**年代《ねんだい》** 新生代《しんせいだい》
**武器《ぶき》** キバ
**環境《かんきょう》** 陸地《りくち》

START!

**恐竜《きょうりゅう》・古生物軍《こせいぶつぐん》**

サーベルタイガー（ネコ科《か》）にそっくりな姿《すがた》でカンガルー（有袋目《ゆうたいもく》）のなかまだ。動《うご》きはしゅん敏《びん》ではないが、一生《いっしょう》のび続《つづ》ける巨大《きょだい》なキバの殺傷能力《さっしょうのうりょく》は高《たか》い。下《した》あごの先《せん》たんはキバを支《ささ》える形《かたち》になっている。

**時速《じそく》** 35km《キロメートル》（しっ走《そう》）
**体長《たいちょう》** 1.7m《メートル》／**体重《たいじゅう》** 120kg《キログラム》
**肉食《にくしょく》**

**戦力分析《せんりょくぶんせき》**

**危険生物軍《きけんせいぶつぐん》**

なみ外《はず》れた飛《ひ》しょう能力《のうりょく》を持《も》ち、大空《おおぞら》を自由《じゆう》に駆《か》け回《まわ》るハンター。自分《じぶん》よりも体《からだ》の大《おお》きなシカなどを狩《か》ることもあり、食物連鎖《しょくもつれんさ》の頂点《ちょうてん》に立《た》つ。足《あし》のあく力《りょく》は100kg《キログラム》をこえ、たいていの動物《どうぶつ》をしめ殺《ころ》すことができる。

**時速《じそく》** 120km《キロメートル》(飛行《ひこう》)
**体長《たいちょう》** 120cm《センチメートル》（翼長《よくちょう》220cm《センチメートル》）／**体重《たいじゅう》** 5kg《キログラム》
**肉食《にくしょく》**

荒野《こうや》をぬけて、草原《そうげん》をしっ走《そう》するティラコスミルス。途中《とちゅう》で小動物《しょうどうぶつ》を狩《か》って、エネルギー補給《ほきゅう》をしたので、体力《たいりょく》は万全《ばんぜん》。その上空《じょうくう》には、長距離《ちょうきょり》を飛《と》び続《つづ》けるイヌワシの姿《すがた》、こちらはつかれている様子《ようす》がうかがえる。

## シーン1 ティラコスミルスが草原《そうげん》を快走《かいそう》

## シーン2 イヌワシが急降下《きゅうこうか》しておそう

イヌワシが、空中《くうちゅう》から急降下《きゅうこうか》し、ティラコスミルスにおそいかかる。先《さき》ほど、ねらっていた小動物《しょうどうぶつ》を横取《よこど》りされた腹《はら》いせか!?

メインフィールド
草原《そうげん》

スタート
草原《そうげん》

素早《すばや》い攻撃《こうげき》をよけきれず、たおれたティラコスミルス。その首《くび》を、イヌワシの足《あし》ががっしりとつかんで、しめあげていく。

## 3
## イヌワシ、あく力《りょく》最強《さいきょう》の足《あし》でワシづかみ

あく力《りょく》 100kg《キログラム》 以上《いじょう》のパワーでしめあげられたティラコスミルスは、ちっそく死《し》。そのままイヌワシのえじきとなった。イヌワシは再《ふたた》び目的地《もくてきち》に向《む》かい飛《と》び立《た》つ。

**Winner!**

勝者《しょうしゃ》 危険生物軍《きけんせいぶつぐん》 イヌワシ

TIME
7分《ふん》45秒《びょう》

### バトル結果《けっか》

自分《じぶん》よりも大《おお》きな獲物《えもの》であっても、おそれずにおそいかかる最強《さいきょう》ハンター・イヌワシ。その攻撃《こうげき》を受《う》け、ティラコスミルスはリタイヤ。イヌワシは、大空《おおぞら》へ羽《は》ばたき、次《つぎ》のエリアへと向《む》かう。

# 謎《なぞ》の飛《ひ》しよう生物《せいぶつ》 vs. 空飛《そらと》ぶサル!?

謎《なぞ》の飛行生物《ひこうせいぶつ》
## ロンギスクアマ

森《もり》の滑空王《かっくうおう》
## ヒヨケザル

**DATA**

- **分類《ぶんるい》** は虫類《ちゅうるい》・双弓亜綱《そうきゅうあこう》 主竜形下綱《しゅりゅうけいかこう》
- **分布《ぶんぷ》** キルギス
- **年代《ねんだい》** 中生代三畳紀《ちゅうせいだいさんじょうき》
- **武器《ぶき》** 歯《は》？
- **環境《かんきょう》** 陸《りく》＆空《そら》

**DATA**

- **分類《ぶんるい》** ほ乳類《にゅうるい》・ヒヨケザル目《もく》 ヒヨケザル科《か》
- **分布《ぶんぷ》** 東南《とうなん》アジア
- **年代《ねんだい》** 現代《げんだい》
- **武器《ぶき》** 滑空《かっくう》
- **環境《かんきょう》** 陸《りく》＆空《そら》

**恐竜《きょうりゅう》・古生物軍《こせいぶつぐん》**

背《せ》中《なか》におうぎのように広《ひろ》がったとっき（鱗《うろこ》）がついているナゾの生物《せいぶつ》。樹上《じゅじょう》から飛《と》び降《お》りながら、このとっきを左右《さゆう》に羽《はね》のように広《ひろ》げることで空気抵抗《くうきていこう》を受《う》け、パラシュートのように落下《らっか》したり、滑空《かっくう》して移動《いどう》したりしていたと考《かんが》えられている。

**時速《じそく》** 5km《キロメートル》(滑空《かっくう》)
**体長《たいちょう》** 20cm《センチメートル》／**体重《たいじゅう》** 250g《グラム》
**昆虫食《こんちゅうしょく》**

**戦力分析《せんりょくぶんせき》**

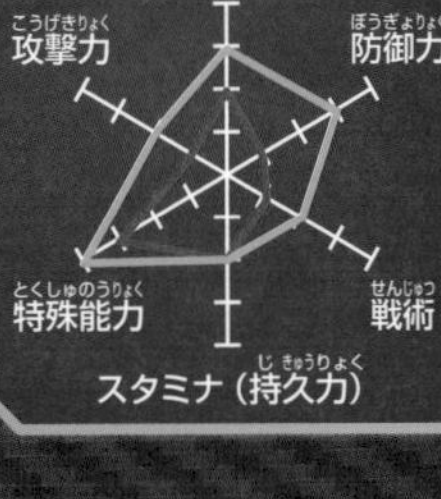


**危険生物軍《きけんせいぶつぐん》**

キツネザルに似《に》ているが、サルでもキツネでもない生物《せいぶつ》。首《くび》、前足《まえあし》、後《うし》ろ足《あし》、尾《お》の先端《せんたん》までをおおう被膜《ひまく》で木《き》から木《き》へ100m《メートル》以上《いじょう》移動《いどう》できる。後《うし》ろ足《あし》と尾《お》の間《あいだ》の被膜《ひまく》を動《うご》かして推進力《すいしんりょく》を作《つく》れるのは、ヒヨケザルだけ。

**時速《じそく》** 10km《キロメートル》(滑空《かっくう》)
**体長《たいちょう》** 45cm《センチメートル》／**体重《たいじゅう》** 2kg《キログラム》
**植物食《しょくぶつしょく》**

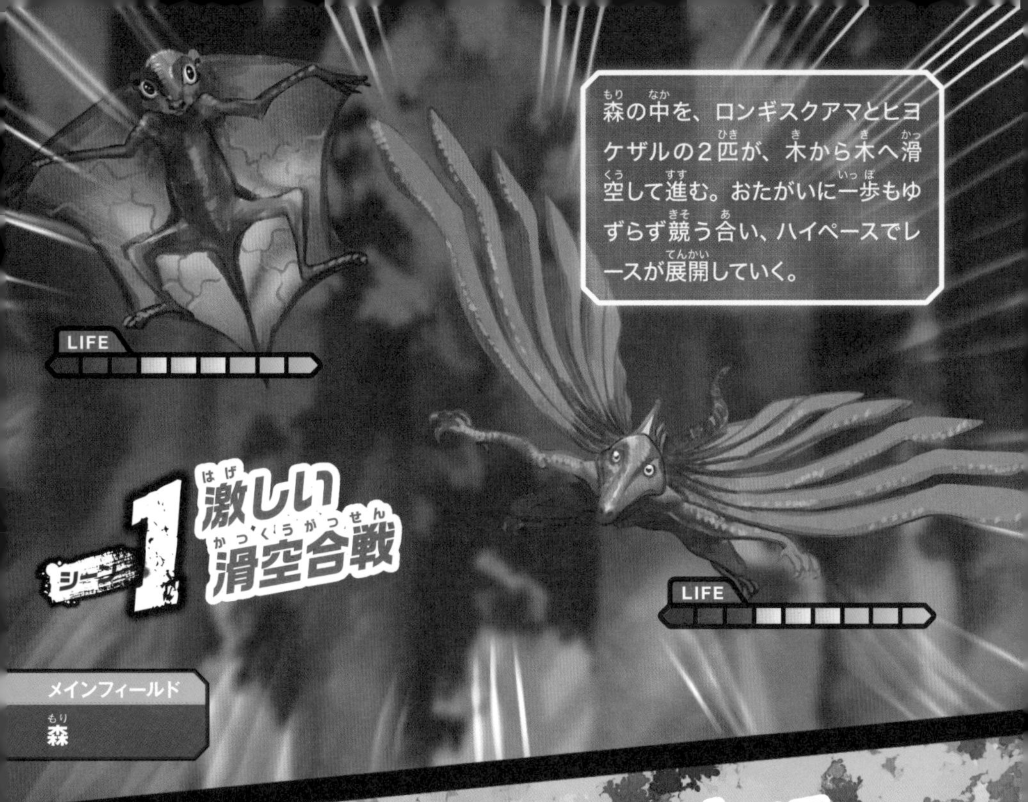


森《もり》の中《なか》を、ロンギスクアマとヒヨケザルの2匹《ひき》が、木《き》から木《き》へ滑《かっ》空《くう》して進《すす》む。おたがいに一歩《いっぽ》もゆずらず競《きそ》う合《あ》い、ハイペースでレースが展開《てんかい》していく。

## シーン1 激《はげ》しい滑空合戦《かっくうがっせん》

メインフィールド
森《もり》

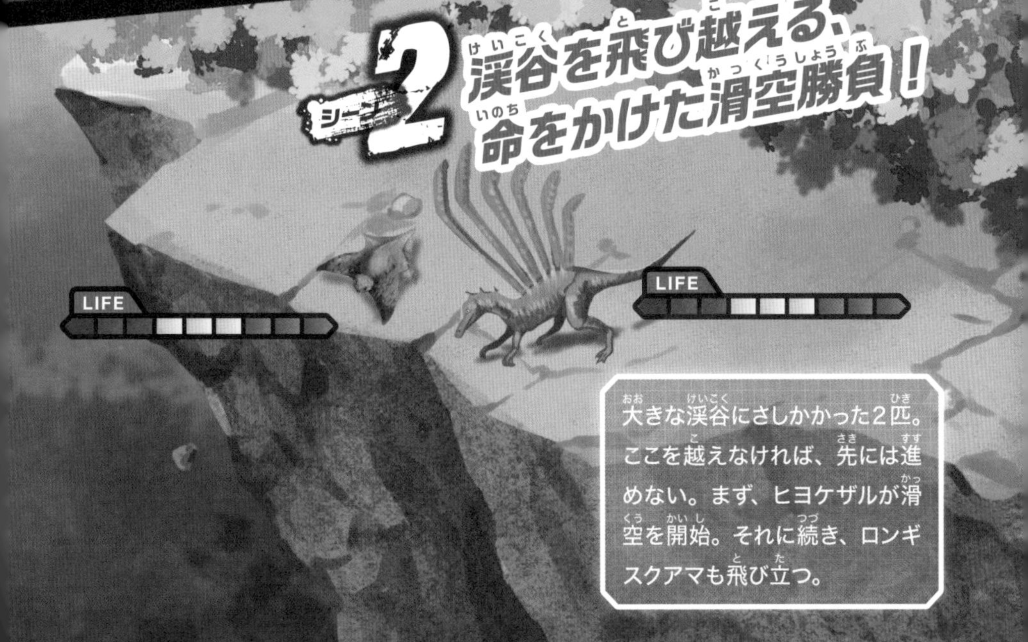


## シーン2 渓谷《けいこく》を飛《と》び越《こ》える、命《いのち》をかけた滑空勝負《かっくうしょうぶ》！

大《おお》きな渓谷《けいこく》にさしかかった2匹《ひき》。ここを越《こ》えなければ、先《さき》には進《すす》めない。まず、ヒヨケザルが滑《かっ》空《くう》を開始《かいし》。それに続《つづ》き、ロンギスクアマも飛《と》び立《た》つ。

シーン3

# 勝敗《しょうはい》を決《き》めるのは、尻尾《しっぽ》の推進力《すいしんりょく》！

ヒヨケザルは、後《うし》ろ足《あし》と尾《お》の間《あいだ》の被膜《ひまく》を動《うご》かし、飛距離《ひきょり》をぐんぐんのばし、渓谷《けいこく》をわたりきることに成功《せいこう》！一方《いっぽう》、ロンギスクアマは、失速《しっそく》して、パラシュートのように、ゆっくりと谷《たに》底《そこ》に落《お》ちていった。

**Winner!**

勝者《しょうしゃ》 危険生物軍《きけんせいぶつぐん》 ヒヨケザル

TIME 3分《ふん》02秒《びょう》

## バトル結果《けっか》

ロンギスクアマは、滑空《かっくう》の飛距離《ひきょり》が足《た》りずに谷底《たにそこ》についい落《らく》。ヒヨケザルは、尻尾《しっぽ》を上下《じょうげ》に動《うご》かし推進力《すいしんりょく》を作《つく》ることで渓谷《けいこく》を見事《みごと》に飛《と》び越《こ》えた。現生動物《げんせいどうぶつ》ナンバー1《ワン》の滑空能力《かっくうのうりょく》をほこるヒヨケザルが勝利《しょうり》した。

# ダンプカー古代獣《こだいじゅう》 vs. 鳥類界《ちょうるいかい》のF1《エフワン》

ウマ面《づら》をしたサイの祖先《そせん》

## モロプス

**DATA**

**分類《ぶんるい》** ほ乳類《にゅうるい》・奇蹄目《きていもく》
カリコテリウム科《か》

**分布《ぶんぷ》** 北《きた》アメリカ・ヨーロッパ

**年代《ねんだい》** 新生代《しんせいだい》

**武器《ぶき》** カギヅメ

**環境《かんきょう》** 陸地《りくち》

砂漠《さばく》のスピードスター

## オオミチバシリ（ロードランナー）

**DATA**

**分類《ぶんるい》** 鳥類《ちょうるい》・カッコウ目《もく》
カッコウ科《か》

**分布《ぶんぷ》** 北《きた》アメリカ

**年代《ねんだい》** 現代《げんだい》

**武器《ぶき》** クチバシ・しゅん足《そく》

**環境《かんきょう》** 陸地《りくち》

### 恐竜《きょうりゅう》・古生物軍《こせいぶつぐん》

モロプスは、一見《いっけん》ウマのような姿形《すがたかたち》をしているが、実《じつ》はサイのなかまだ。前足《まえあし》が長《なが》く、前方《ぜんぽう》に折《お》れ曲《ま》がる構造《こうぞう》をしていて、先端《せんたん》にはするどいカギヅメがある。それほど速《はや》く走《はし》ることはできないが、力強《ちからづよ》く大地《だいち》をけって前進《ぜんしん》する。

**時速《じそく》** 20km《キロメートル》
**体長《たいちょう》** 2.4m《メートル》／**体重《たいじゅう》** 不明《ふめい》
**植物食《しょくぶつしょく》**

### 戦力分析《せんりょくぶんせき》

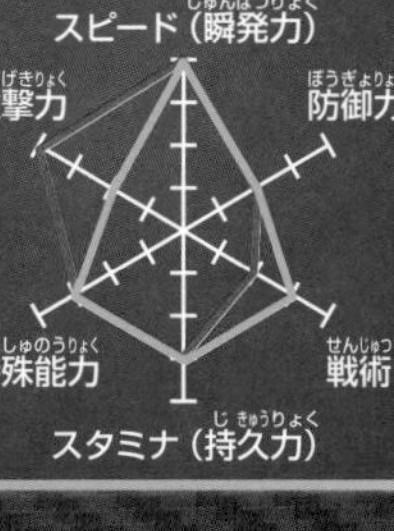


### 危険生物軍《きけんせいぶつぐん》

砂《さ》漠地帯《ばくちたい》に生息《せいそく》する鳥《とり》で、時速《じそく》30km《キロメートル》以上《いじょう》の猛《もう》スピードで長距離《ちょうきょり》を走《はし》って移動《いどう》できる。しかしその分《ぶん》、空《そら》を飛《と》ぶのはあまり得意《とくい》ではない。昆虫《こんちゅう》やトカゲ、サソリ、ヘビなどをつかまえる優《すぐ》れたハンターでもある。

**時速《じそく》** 35km《キロメートル》(しっ走《そう》)・60km《キロメートル》(飛行《ひこう》)
**体長《たいちょう》** 50cm《センチメートル》／**体重《たいじゅう》** 280g《グラム》
**雑食《ざっしょく》**

荒野《こうや》の一本道《いっぽんみち》を馬《うま》のような古生物《こせいぶつ》モロプスが、力強《ちからづよ》く駆《か》けていく。その後《うし》ろから、オオミチバシリが、猛《もう》スピードで追《お》いついてくる。

## シーン1 モロプスのウマのような力強《ちからづよ》い走《はし》り

メインフィールド
荒野《こうや》

オオミチバシリは、ものすごいスピードで、モロプスをぬき去《さ》っていく。このまま独走態勢《どくそうたいせい》で、勝敗《しょうはい》が決《き》まってしまうのか？

## シーン2 オオミチバシリが猛《もう》スピードで追《お》いぬく

スタート
荒野《こうや》
森《もり》

最後《さいご》の力《ちから》をふりしぼって加速《かそく》したモロプス。前足《まえあし》を高《たか》くふり上《あ》げて前《まえ》にふみ出《だ》したしゅん間《かん》、オオミチバシリをふみつぶしてしまった！　ゴール目前《もくぜん》で、オオミチバシリはぺしゃんこになってリタイヤ。

## シーン3 モロプス、加速《かそく》しすぎてアクシデント発生《はっせい》

### バトル結果《けっか》

砂漠《さばく》で生活《せいかつ》するオオミチバシリは、体温《たいおん》を上昇《じょうしょう》させるのに時間《じかん》がかかり、スタートで出《で》おくれた。得意《とくい》の猛《もう》ダッシュで追《お》いつくも、モロプスのパワーの前《まえ》に敗《やぶ》れ去《さ》ってしまった。

# 高速《こうそく》の毒恐竜《どくきょうりゅう》 vs. 滑空《かっくう》する毒《どく》ヘビ

木《き》から木《き》へ移動《いどう》するヘビ

## トビヘビ

DATA

分類《ぶんるい》 は虫類《ちゅうるい》・竜盤類《りゅうばんるい》
ドロマエオサウルス科《か》

分布《ぶんぶ》 中国《ちゅうごく》

年代《ねんだい》 中生代白亜紀《ちゅうせいだいはくあき》

武器《ぶき》 毒牙《どくが》

環境《かんきょう》 陸地《りくち》

DATA

分類《ぶんるい》 は虫類《ちゅうるい》・有隣目《ゆうりんもく》
ナミヘビ科《か》

分布《ぶんぶ》 東南《とうなん》アジア

年代《ねんだい》 現代《げんだい》

武器《ぶき》 毒牙《どくが》

環境《かんきょう》 陸《りく》&空《そら》

毒《どく》を持《も》つ凶悪恐竜《きょうあくきょうりゅう》

## シノルニトサウルス

### 恐竜《きょうりゅう》・古生物軍《こせいぶつぐん》

全《ぜん》身《しん》に羽毛《うもう》をまとっていたとされる小型恐竜《こがたきょうりゅう》で、俊敏《しゅんびん》に動《うご》き回《まわ》ることができた。また、かみついた獲物《えもの》に毒《どく》を注入《ちゅうにゅう》する毒《どく》牙《が》を持《お》っており、小動物《しょうどうぶつ》を毒《どく》で動《うご》けなくして狩《か》りをしていたと考《かんが》えられている。

時速《じそく》 20km《キロメートル》(滑空《かっくう》)
体長《たいちょう》 90cm《センチメートル》／体重《たいじゅう》 3kg《キログラム》
植物食《しょくぶつしょく》

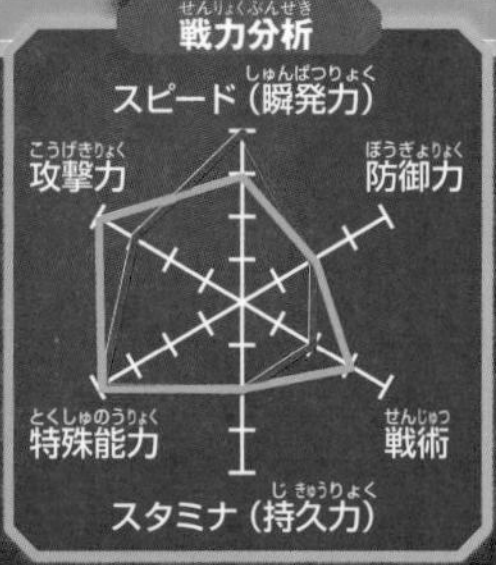


### 危険生物軍《きけんせいぶつぐん》

主《おも》に木《き》の上《うえ》で暮《く》らしている。移動《いどう》するときは、体《からだ》を平《たい》らにして空気抵抗《くうきていこう》を高《たか》めて、くねくね体《からだ》を動《うご》かしながら揚力《ようりょく》（上向《うえむ》きの力《ちから》）を生《う》み出《だ》して、枝《えだ》から枝《えだ》へ滑《かっ》空《くう》する。弱《よわ》い毒《どく》をもっており、小《しょう》動物《どうぶつ》を動《うご》けなくして捕獲《ほかく》する。

時速《じそく》 6km《キロメートル》(滑空《かっくう》)
体長《たいちょう》 1.2m《メートル》／体重《たいじゅう》 300g《グラム》
肉食《にくしょく》

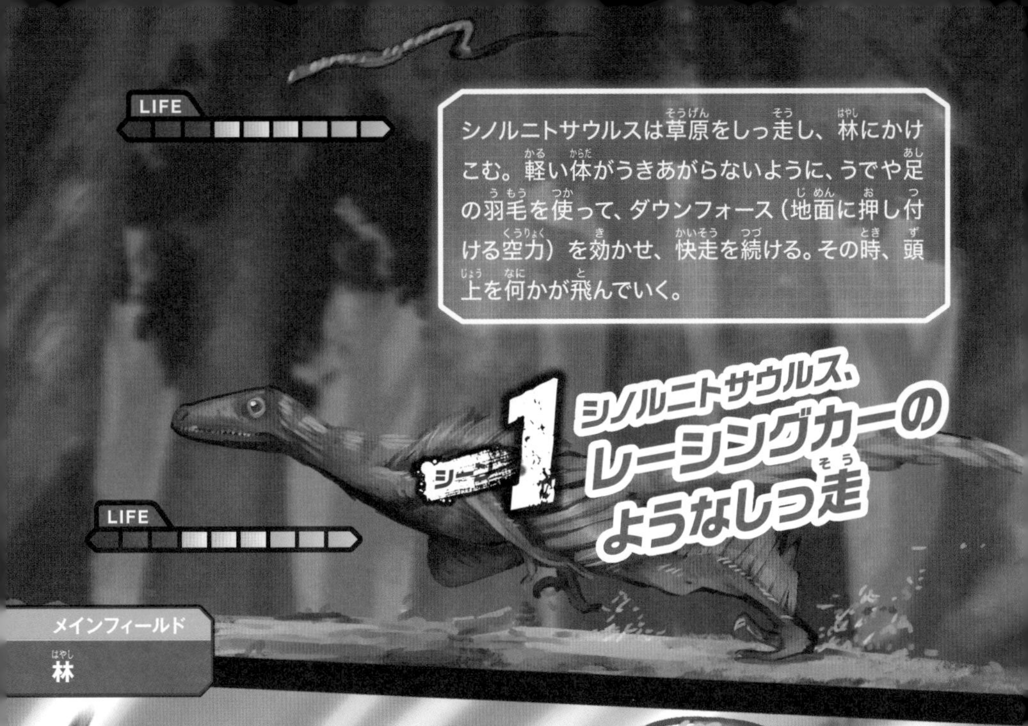


シノルニトサウルスは草原《そうげん》をしっ走《そう》し、林《はやし》にかけこむ。軽《かる》い体《からだ》がうきあがらないように、うでや足《あし》の羽毛《うもう》を使《つか》って、ダウンフォース（地面《じめん》に押《お》し付《つ》ける空力《くうりょく》）を効《き》かせ、快走《かいそう》を続《つづ》ける。その時《とき》、頭上《ずじょう》を何《なに》かが飛《と》んでいく。

## シー1 シノルニトサウルス、レーシングカーのようなしっ走《そう》

メインフィールド
林《はやし》

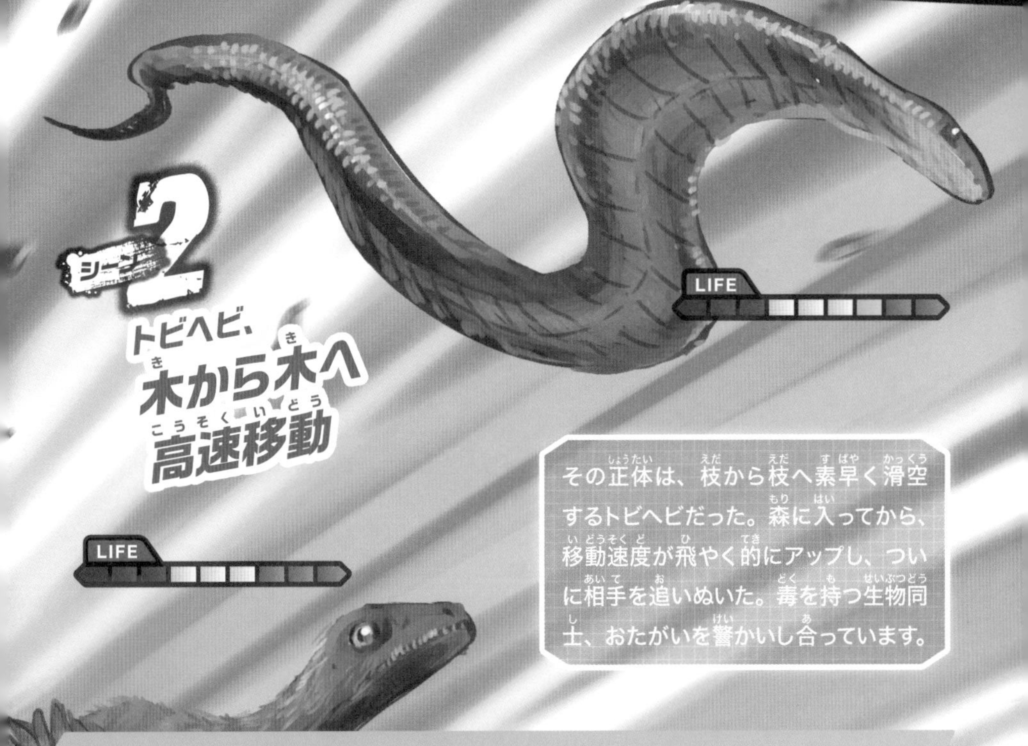


## シー2 トビヘビ、木《き》から木《き》へ高速移動《こうそくいどう》

その正体《しょうたい》は、枝《えだ》から枝《えだ》へ素早《すばや》く滑空《かっくう》するトビヘビだった。森《もり》に入《はい》ってから、移動速度《いどうそくど》が飛《ひ》やく的《てき》にアップし、ついに相手《あいて》を追《お》いぬいた。毒《どく》を持《も》つ生物同士《せいぶつどうし》、おたがいを警《けい》かいし合《あ》っています。

スタート
草原《そうげん》　林《はやし》　草原《そうげん》

## シーン3 シノルニトサウルスがひみつ兵器《へいき》毒《どく》のキバ攻撃《こうげき》！

Winner!
勝者《しょうしゃ》 恐竜《きょうりゅう》・古生物軍《こせいぶつぐん》 シノルニトサウルス

トビヘビが滑空《かっくう》するところを、シノルニトサウルスがジャンプして、かみついてキャッチした。毒《どく》がまわって息絶《いきた》えるトビヘビ。シノルニトサウルスは、ムシャムシャと食《た》べながら移動《いどう》を続《つづ》ける。

TIME
4分《ふん》13秒《びょう》

### バトル結果《けっか》

俊敏《しゅんびん》な羽毛恐竜《うもうきょうりゅう》シノルニトサウルスと、空《そら》を滑空《かっくう》するトビヘビによって、林《はやし》の中《なか》でのデッドヒートがくり広《ひろ》げられた。新旧《しんきゅう》の毒牙対決《どくがたいけつ》は、シノルニトサウルスが制《せい》した。

# 巨大《きょだい》ツノの最強《さいきょう》ネズミ VS.忍法《にんぽう》・飛行《ひこう》の術《じゅつ》を使《つか》うクモ

**DATA**

**分類《ぶんるい》** ほ乳類《にゅうるい》・齧歯目《げっしもく》
ミラガウルス科《か》
**分布《ぶんぶ》** アメリカ大陸《たいりく》
**年代《ねんだい》** 新生代《しんせいだい》
**武器《ぶき》** ツノ
**環境《かんきょう》** 陸地《りくち》

**DATA**

**分類《ぶんるい》** 節足動物《せっそくどうぶつ》・クモ目《もく》
サラグモ科《か》
**分布《ぶんぶ》** 日本《にほん》
**年代《ねんだい》** 現代《げんだい》
**武器《ぶき》** クモの巣《す》
**環境《かんきょう》** 陸地《りくち》

風《かぜ》まかせの旅人《たびびと》
## クモ（コサラグモ）

2本《ほん》のツノを持《も》つネズミ
## エピガウルス

### 恐竜《きょうりゅう》・古生物軍《こせいぶつぐん》

鼻《はな》から2本《ほん》の大《おお》きなツノを生《は》やしていたネズミのなかまで、ツノのあるほ乳類《にゅうるい》としては最《もっと》も小《ちい》さい。足《あし》には長《なが》い爪《つめ》を持《も》ち、地面《じめん》に穴《あな》をほって、その中《なか》で天敵《てんてき》から身《み》をかくして暮《く》らしていた。陸《りく》での移動速度《いどうそくど》はおそかった。

**時速《じそく》** 4km《キロメートル》
**体長《たいちょう》** 40cm《センチメートル》／**体重《たいじゅう》** 2kg《キログラム》
**植物食《しょくぶつしょく》**

### 戦力分析《せんりょくぶんせき》

### 危険生物軍《きけんせいぶつぐん》

コサラグモは、クモの巣《す》をはって昆虫《こんちゅう》などの獲物《えもの》をつかまえて食《た》べるクモだ。このクモにかぎらず、多《おお》くのクモには糸《いと》を長《なが》くのばして風《かぜ》に乗《の》って移動《いどう》する「バルーニング」という習性《しゅうせい》をもっているものが多《おお》く存在《そんざい》する。

**時速《じそく》** 1km《キロメートル》（風《かぜ》の強《つよ》さで変化《へんか》）
**体長《たいちょう》** 3mm《ミリメートル》／**体重《たいじゅう》** 0.1g《グラム》
**肉食《にくしょく》**

## シーン1 コサラグモが風《かぜ》にのって進《すす》む

大《おお》きなツノを持《も》つ「げっ歯類《しるい》」のエピガウルスが、草原《そうげん》を駆《か》けていく。その上空《じょうくう》で、糸《いと》をのばしたクモが、ゆったりと風《かせ》にのって飛《と》んでいく。

メインフィールド
草原《そうげん》

## シーン2 エピガウルスとコサラグモのデッドヒート！

方向《ほうこう》をコントロールすることはできないが、クモは風《かぜ》に乗《の》って進《すす》む。エピガウルスは、こつこつと目的地《もくてきち》に向《む》かう。かなりの接戦《せっせん》だ。

スタート
草原《そうげん》

# Winner!

勝《しょう》者《しゃ》 恐竜《きょうりゅう》・古生物軍《こせいぶつぐん》 エピガウルス

## 3 コサラグモ、とっ風《ぷう》で思《おも》わぬ方向《ほうこう》へ!?

とつ然《ぜん》、上空《じょうくう》でとっ風《ぷう》が発生《はっせい》。クモは強《つよ》い風《かぜ》につかまってしまう。そして、しゃく熱《ねつ》の溶岩流《ようがんりゅう》の中《なか》にすいこまれてしまった。エピガウルスは、草原《そうげん》をゆっくりと駆《か》けていく。

TIME
16分《ふん》08秒《びょう》

### バトル結果《けっか》

進《すす》む方向《ほうこう》をコントロールできず、風《かぜ》まかせのクモは、運悪《うんわる》く溶岩流《ようがんりゅう》の中《なか》に落《お》ちてしまった。鈍足《どんそく》であっても、着実《ちゃくじつ》に前《まえ》へ進《すす》むエピガウルスが見事勝《みごとしょう》利《り》した。

エキシビジョン
Exhibition
01

# 3大翼竜《だいよくりゅう》空中《くうちゅう》レース

人間《にんげん》を背中《せなか》に乗《の》って競《きそ》う、巨大翼竜同士《きょだいよくりゅうどうし》の決戦《けっせん》。騎手《きしゅ》が翼竜《よくりゅう》の能力《のうりょく》を最大限《さいだいげん》に引《ひ》き出《だ》しながら、6000m《メートル》空《そら》の直線《ちょくせん》コースで、飛行《ひこう》能力《のうりょく》をあらそう。騎手《きしゅ》が 落《お》ちた場合《ばあい》は失格《しっかく》となる。

史上最大《しじょうさいだい》の翼竜《よくりゅう》
## ケツァルコアトルス

武器《ぶき》 滑空・クチバシ／時速《じそく》 50km《キロメートル》
体長《たいちょう》 6m《メートル》（翼幅《よくはば》12m《メートル》）
体重《たいじゅう》 250kg《キログラム》／食性《しょくせい》 魚食《ぎょしょく》

たくみに空《そら》をかける翼竜《よくりゅう》
## アンハングエラ

武器《ぶき》 滑空《かっくう》・羽《はね》
時速《じそく》 50km《キロメートル》
体長《たいちょう》 1.2m《メートル》（翼幅《よくはば》5.5m《メートル》）
体重《たいじゅう》 20kg《キログラム》
食性《しょくせい》 魚食《ぎょしょく》

トサカを持《も》つ翼竜《よくりゅう》
## トゥパンダクティルス

武器《ぶき》 滑空《かっくう》・羽《はね》／時速《じそく》 50km《キロメートル》
体長《たいちょう》 1.5m《メートル》（翼幅《よくはば》5m《メートル》）
体重《たいじゅう》 40kg《キログラム》／食性《しょくせい》 果実食《かじつしょく》

※騎手《きしゅ》の重《おも》さは、翼竜《よくりゅう》の重《おも》さに合《あ》わせて調整《ちょうせい》されています。

環境《かんきょう》
空中《くうちゅう》

**ケツァルコアトルス**
分類《ぶんるい》 は虫類《ちゅうるい》・翼竜目《よくりゅうもく》アズダルコ科《か》
分布《ぶんぷ》 北《きた》アメリカ・日本《にほん》
年代《ねんだい》 中生代白亜紀後期《ちゅうせいだいはくあきこうき》

**アンハングエラ**
分類《ぶんるい》 は虫類《ちゅうるい》・翼竜目《よくりゅうもく》 アンハングエラ科《か》
分布《ぶんぷ》 ブラジル
年代《ねんだい》 中生代白亜紀前期《ちゅうせいだいはくあきぜんき》

**トゥパンダクティルス**
分類《ぶんるい》 は虫類《ちゅうるい》・翼竜目《よくりゅうもく》タペヤラ科《か》
分布《ぶんぷ》 ブラジル
年代《ねんだい》 中生代白亜紀前期《ちゅうせいだいはくあきぜんき》

## シーン1

スタート直後《ちょくご》、大型翼竜《おおがたよくりゅう》のケツァルコアトルスが、大《おお》きな体《からだ》を活《い》かして、体当《たいあ》たりで攻撃《こうげき》をしかける。 しかし、アンハングエラとトゥパンダクティルスは、素早《すばや》く身《み》をひるがえして攻撃《こうげき》をかわす。

## シーン2

ケツァルコアトルスが、少《すこ》しずつ後《おく》れをとる。どうやら、アンハングエラとトゥパンダクティルスの一騎打《いっきう》ちというレース展開《てんかい》になりそう。

## シーン3

トゥパンダクティルスが、アンハングエラの下《した》に回《まわ》りこみ、腹部《ふくぶ》に向《む》かって突進《とっしん》。ダメージを受《う》け、飛行姿勢《ひこうしせい》をくずしたアンハングエラが失速《しっそく》し、トゥパンダクティルスの独走《どくそう》状態《じょうたい》となった。

### バトル結果《けっか》

レース後半《こうはん》は、飛行能力《ひこうのうりょく》の高《たか》い、アンハングエラとトゥパンダクティルスのデッドヒートとなった。頭《あたま》のトサカを活《い》かしてこん身《しん》の一撃《いちげき》をあたえたトゥパンダクティルスが、勝利《しょうり》をつかんだ。

COLUMN 02 コラム

なぜ、鳥《とり》は空《そら》を飛《と》べるのか？

# 鳥《とり》の進化《しんか》のヒミツ

## 空《そら》を飛《と》ぶために得《え》た3つの特《とく》しゅ機能《きのう》

　鳥《とり》は地球《ちきゅう》の歴史《れきし》で飛《ひ》しょう能力《のうりょく》が最《もっと》も洗練《せんれん》されたグループです。自由自在《じゆうじざい》に空《そら》を飛《と》ぶためにはたくさんのヒミツがありますが、その中《なか》の3つのヒミツを紹介《しょうかい》します。

### ❶軽量化《けいりょうか》された骨《ひね》とクチバシ

　鳥《とり》の骨《ほね》の中《なか》はすき間《ま》が多《おお》くあるので、ほ乳類《にゅうるい》の骨《ほね》より3分《ぶん》の1くらいの軽《かる》さを実現《じつげん》しています。頭《あたま》が重《おも》いと安定《あんてい》した飛行姿勢《ひこうしせい》をとれないので、重《おも》たい歯《は》をなくして、爪《つめ》と同《おな》じ成分《せいぶん》の軽《かる》くてじょうぶなクチバシに進化《しんか》しました。

オニオオハシの骨格《こっかく》。クチバシ部分《ぶぶん》は、ケラチンという成分《せいぶん》でできている。

### ❷翼《つばさ》の筋肉《きんにく》を支《ささ》える骨《ほね》がある

　自分《じぶん》の体《からだ》を宙《ちゅう》に浮《う》かせるには、大《おお》きな揚力《ようりょく》（空《そら》に浮《う》き上《あ》がる力《ちから》）をうみだす翼《つばさ》と、それを動《うご》かす強力《きょうりょく》な筋肉《きんにく》が必要《ひつよう》になります。鳥《とり》には、翼《つばさ》のぶ厚《あつ》い筋肉《きんにく》を固定《こてい》するための、大《おお》きな板《いた》のような竜骨《りゅうこつ》とっ起《き》という骨《ほね》がお腹《なか》にあります。

ガチョウの全身《ぜんしん》の骨格《こっかく》図《ず》。

### ❸肺《はい》のしくみが特《とく》しゅ

　高《たか》い空《そら》で飛《と》びながら効率《こうりつ》よく呼吸《こきゅう》をするための「気《き》のう」を持《も》っています。「気《き》のう」とは肺《はい》の前後《ぜんご》にあるふくろ状《じょう》の器官《きかん》で、肺《はい》の中《なか》の酸素《さんそ》の取《と》りこみや二酸化炭素《にさんかたんそ》の排出《はいしゅつ》がよりスムーズになるようにはたらきます。見《み》えない部分《ぶぶん》でも鳥《とり》の進化《しんか》はすごいのです！

# Race《レース》

# 17 → 24

## 第《だい》2レース

西《にし》火山《かざん》から流《なが》れ出《で》た大量《たいりょう》の溶岩《ようがん》流《りゅう》は、大地《だいち》を焼《や》きつくしながら、しだいに島《しま》の東《ひがし》へとおしよせている。災害《さいがい》が拡大《かくだい》する中《なか》で、生物《せいぶつ》たちはデッドヒートをくり広《ひろ》げながら、安全《あんぜん》な場所《ばしょ》を求《もと》めて東《ひがし》を目指《めざ》す。

# 凶悪《きょうあく》な卵《たまご》どろ棒《ぼう》 VS.怒《いか》りの母恐竜《ははきょうりゅう》

## 子育《こそだ》てをする恐竜《きょうりゅう》
## オビラプトロサウルス

## 森《もり》を駆《か》けるハンター
## ヴェロキラプトル

**DATA**

**分類《ぶんるい》** は虫類《ちゅうるい》・獣脚目《じゅうきゃくもく》
ドロマエオサウルス科《か》
**分布《ぶんぷ》** 中国《ちゅうごく》・モンゴル
**年代《ねんだい》** 中生代白亜紀後期《ちゅうせいだいはくあきこうき》
**武器《ぶき》** 歯《は》・カギヅメ
**環境《かんきょう》** 陸地《りくち》

**DATA**

**分類《ぶんるい》** は虫類《ちゅうるい》・竜盤目《りゅうばんもく》
オヴィラプトル科《か》
**分布《ぶんぷ》** モンゴル
**年代《ねんだい》** 中生代白亜紀後期《ちゅうせいだいはくあきこうき》
**武器《ぶき》** 歯《は》・しゅん足《そく》
**環境《かんきょう》** 陸地《りくち》

**恐竜《きょうりゅう》・古生物軍《こせいぶつぐん》**

初戦《しょせん》では、相手《あいて》の動《うご》きを予測《よそく》するハンターとしての高《たか》い能力《のうりょく》を発揮《はっき》し、最速《さいそく》の鳥《とり》・ハリオアマツバメを撃破《げきは》した。次《つぎ》なるレースでは、しゅん足恐竜《そくきょうりゅう》・オビラプトロサウルスの巣《す》を発見《はっけん》し、おそうことを決意《けつい》する。

**時速《じそく》** 30km《キロメートル》
**体長《たいちょう》** 2m《メートル》／**体重《たいじゅう》** 30kg《キログラム》
**肉食《にくしょく》**

**戦力分析《せんりょくぶんせき》**

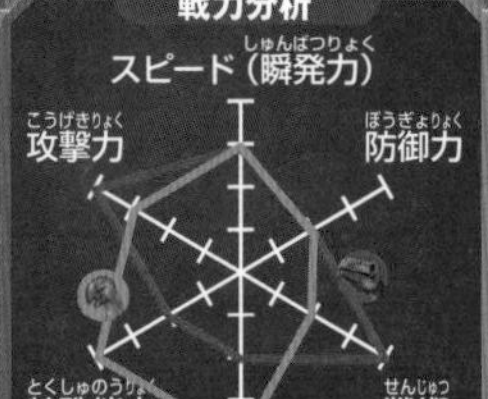


**恐竜《きょうりゅう》・古生物軍《こせいぶつぐん》**

狩《か》りの途中《とちゅう》で出《で》くわしたコンドルから逃《に》げのびて、巣《す》にもどった母《はは》オビラプトロサウルス。今度《こんど》は子《こ》どもたちがいる巣《す》が、狂暴《きょうぼう》な肉食恐竜《にくしょくきょうりゅう》・ヴェロキラプトルにおそわれようとしていた。

**時速《じそく》** 50km《キロメートル》
**体長《たいちょう》** 2.5m《メートル》／**体重《たいじゅう》** 50kg《キログラム》
**雑食《ざっしょく》**

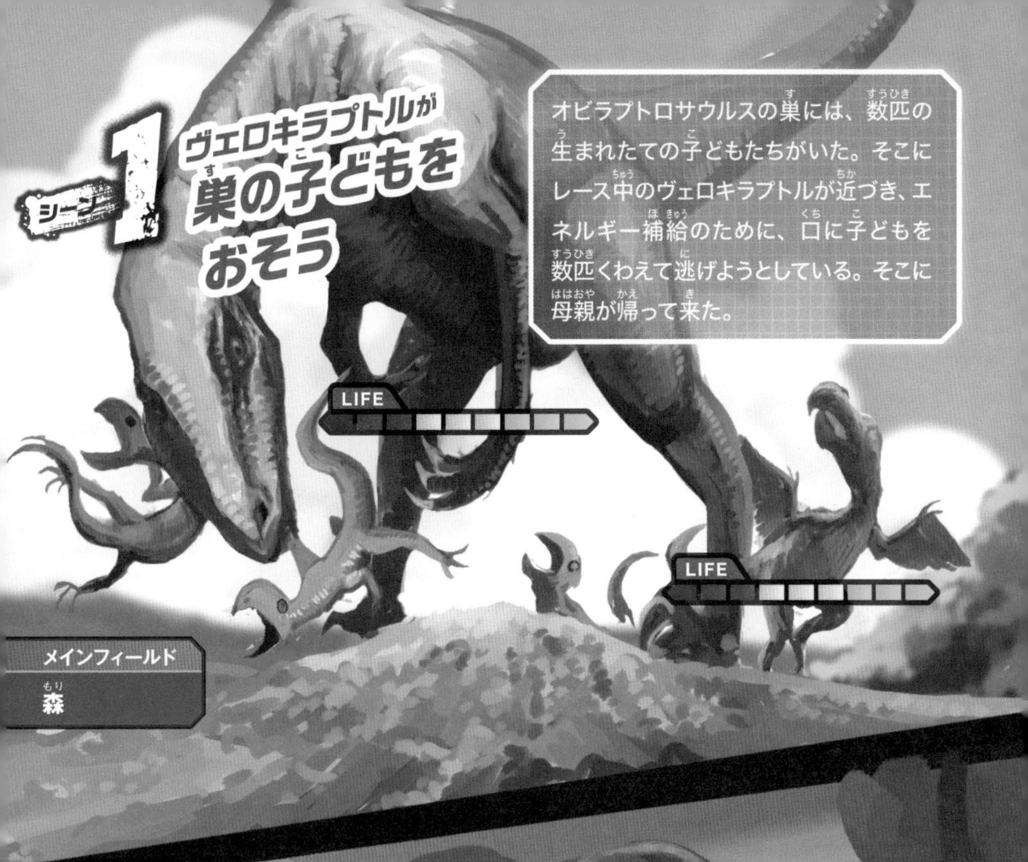


## シーン1 ヴェロキラプトルが巣《す》の子《こ》どもをおそう

オビラプトロサウルスの巣《す》には、数匹《すうひき》の生《う》まれたての子《こ》どもたちがいた。そこにレース中《ちゅう》のヴェロキラプトルが近《ちか》づき、エネルギー補給《ほきゅう》のために、口《くち》に子《こ》どもを数匹《すうひき》くわえて逃《に》げようとしている。そこに母親《ははおや》が帰《かえ》って来《き》た。

## シーン2 オビラプトロサウルスが怒《おこ》って追《お》いかける

れっ火《か》のごとく怒《いか》り狂《くる》った母《はは》オビラプトロサウルスが、ヴェロキラプトルにせまる。ヴェロキラプトルはびっくりして、そのすきに、1匹《ぴき》の子《こ》どもは脱出《だっしゅつ》。もう1匹《ぴき》の子《こ》どもを口《くち》にとらえたまま、ヴェロキラプトルは逃《に》げ出《だ》す。

スタート 巣《す》 森《もり》

## シー 3
## 母性《ぼせい》の火事場《かじば》の馬鹿力《ばかちから》がさくれつ！

**Winner!**

勝者《しょうしゃ》 恐竜《きょうりゅう》・古生物軍《こせいぶつぐん》 オビラプトロサウルス

オビラプトロサウルスの前《まえ》げりで、ヴェロキラプトルはふき飛《と》び、頭《あたま》を打《う》って気絶《きぜつ》！とらわれた子《こ》どもは、無事《ぶじ》に取《と》り戻《もど》した。

### バトル結果《けっか》

逃走《とうそう》を試《こころ》みたヴェロキラプトルだったが、しゅん足《そく》のオビラプトロサウルスに追《お》いつかれて敗《やぶ》れ去《さ》った。オビラプトロサウルスは、子《こ》どもたちと一緒《いっしょ》に、先《さき》に進《すす》む。

TIME
18分《ふん》41秒《びょう》

# 地球最大《ちきゅうさいだい》の空飛《そらと》ぶほ乳類《にゅうるい》 vs. 恐怖《きょうふ》の重戦車《じゅうせんしゃ》

キツネ顔《がお》のフルーツバット

## オオコウモリ

START!

黒《くろ》い死神《しにがみ》

## アフリカスイギュウ

**DATA**

分類《ぶんるい》 ほ乳類《にゅうるい》・被甲目《ひこうもく》
オオコウモリ科《か》
分布《ぶんぷ》 東南《とうなん》アジア
年代《ねんだい》 現代《げんだい》
武器《ぶき》 超音波《ちょうおんぱ》・飛行《ひこう》
環境《かんきょう》 空中《くうちゅう》

**DATA**

分類《ぶんるい》 ほ乳類《にゅうるい》・偶蹄目《ぐうていもく》ウシ科《か》
分布《ぶんぷ》 アフリカ
年代《ねんだい》 現代《げんだい》
武器《ぶき》 ツノ
環境《かんきょう》 陸地《りくち》

**危険生物軍《きけんせいぶつぐん》**

史《し》上最大《じょうさいだい》の鳥《とり》・ペラゴルニスに、飛行能力《ひこうのうりょく》の勝負《しょうぶ》で競《せ》り勝《か》ったオオコウモリ。次《つぎ》なるレースの場所《ばしょ》は、吹雪《ふぶき》の寒冷地帯《かんれいちたい》。強敵《きょうてき》アフリカスイギュウと、空《そら》と陸《りく》の生物《せいぶつ》との決戦《けっせん》にのぞむ。

時速《じそく》 40km《キロメートル》
体長《たいちょう》 30cm《センチメートル》（翼幅《よくはば》2m《メートル》）／体重《たいじゅう》 17kg《キログラム》
植物食《しょくぶつしょく》

**戦力分析《せんりょくぶんせき》**

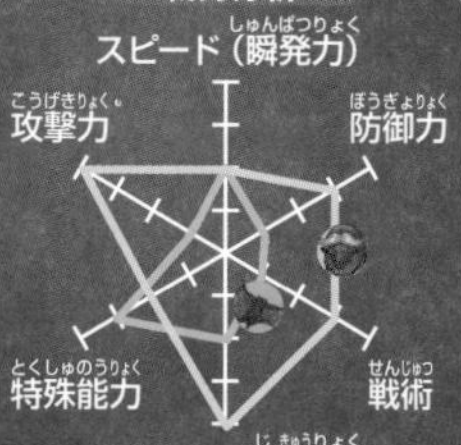


**危険生物軍《きけんせいぶつぐん》**

最強《さいきょう》のディフェンスの能力《のうりょく》をほこるグリプトドンをとっ進《しん》でたおして、第《だい》2レースに進出《しんしゅつ》したアフリカスイギュウ。これだけの巨体《きょたい》とパワーを持ちながらも足《あし》が速《はや》く、アスリートとして非常《ひじょう》に高《たか》い能力《のうりょく》もあわせ持《も》つ。

時速《じそく》 30km《キロメートル》
全長《ぜんちょう》 3.4m《メートル》／体重《たいじゅう》 900kg《キログラム》
草食《そうしょく》

火山《かざん》からひ難《なん》する途中《とちゅう》で、雪《ゆき》のある寒冷地《かんれいち》に迷《まよ》いこんでしまった動物《どうぶつ》がいた。吹雪《ふぶき》の中《なか》で高地《こうち》を走《はし》るアフリカスイギュウと、上空《じょうくう》を移動《いどう》するオオコウモリだ。

## シーン1 寒冷地《かんれいち》での、空《そら》と陸《りく》とのレース対決《たいけつ》がぼっ発《ぱつ》！

メインフィールド
高地《こうち》（寒冷地《かんれいち》）

## シーン2 オオコウモリペースダウン

アフリカスイギュウは、ペースを落《お》とすことなく、力強《ちからづよ》く走《はし》る。一方《いっぽう》、ほ乳類《にゅうるい》だが寒《さむ》さに弱《よわ》いオオコウモリは、吹雪《ふぶき》で体力《たいりょく》をうばわれ、活動力《かつどうりょく》が落《お》ち、しだいにすい弱《じゃく》していく。

スタート
高地《こうち》（寒冷地《かんれいち》）

## シーン3 オオコウモリは寒《さむ》さに体力《たいりょく》をうばわれつい落《らく》する

**Winner!**

勝者《しょうしゃ》 危険生物軍《きけんせいぶつぐん》 アフリカスイギュウ

ついにオオコウモリは力《ちから》つきて、つい落《らく》してしまった。アフリカスイギュウは、安全《あんぜん》な地帯《ちたい》を目指《めざ》してまい進《しん》していく。

TIME
25分《ふん》47秒《びょう》

### バトル結果《けっか》

吹雪《ふぶき》によって体力《たいりょく》をうばわれたオオコウモリは、途中《とちゅう》で離脱《りだつ》。体力《たいりょく》があり、寒《さむ》さにも強《つよ》いアフリカスイギュウが勝利《しょうり》をつかんだ。

DATA

分類《ぶんるい》 ほ乳類《にゅうるい》・コウモリ目《もく》
チスイコウモリ科《か》
分布《ぶんぷ》 南米《なんべい》
年代《ねんだい》 現代《げんだい》
武器《ぶき》 吸血《きゅうけつ》・超音波《ちょうおんぱ》
環境《かんきょう》 空中《くうちゅう》

# 空《そら》飛《と》ぶ吸血鬼《きゅうけつき》 vs.地《ち》を駆《か》けるダイバー

闇《やみ》を支配《しはい》するほ乳類《にゅうるい》

## チスイコウモリ（ナミチスイコウモリ）

水陸両用《すいりくりょうよう》のシカ

## スイロク（サンバー）

START!

DATA

分類《ぶんるい》 ほ乳類《にゅうるい》・偶蹄目《ぐうていもく》シカ科《か》
分布《ぶんぷ》 東南《とうなん》アジア
年代《ねんだい》 現代《げんだい》
武器《ぶき》 キバ・せん水《すい》
環境《かんきょう》 陸《りく》&水《すい》

### 危険生物軍《きけんせいぶつぐん》

飛《ひ》しょう能力《のうりょく》は高《たか》く、空《そら》を素《す》早《ばや》くジグザグに、自由自在《じゆうじざい》に移動《いどう》できる。初戦《しょせん》では、ミクロラプトルを吸血《きゅうけつ》で弱《よわ》らせて、撃破《げきは》した。今回《こんかい》は、陸《りく》と水中《すいちゅう》での移《い》動《どう》に長《た》けたスイロクとの決戦《けっせん》だ。

時速《じそく》 30km《キロメートル》
体長《たいちょう》 9cm《センチメートル》／体重《たいじゅう》 33g《グラム》
肉食《にくしょく》

### 戦力分析《せんりょくぶんせき》

### 危険生物軍《きけんせいぶつぐん》

しっ走能力《そうのうりょく》と潜水能力《せんすいのうりょく》、両《りょう》方《ほう》をあわせ持《も》つスイロク。初戦《しょせん》のクジラの祖先《そせん》・メソニクス戦《せん》では、陸上《りくじょう》の移動速度《いどうそくど》の速《はや》さで競《せ》り勝《か》った。次《つぎ》なる相手《あいて》は、移動速度《いどうそくど》はほぼ同《おな》じ、空《そら》を自在《じざい》に動《うご》きまわるチスイコウモリだ。

時速《じそく》 50km《キロメートル》(しっ走《そう》)・3km《キロメートル》(潜水《せんすい》)
体長《たいちょう》 2m《メートル》／体重《たいじゅう》 180kg《キログラム》
植物食《しょくぶつしょく》

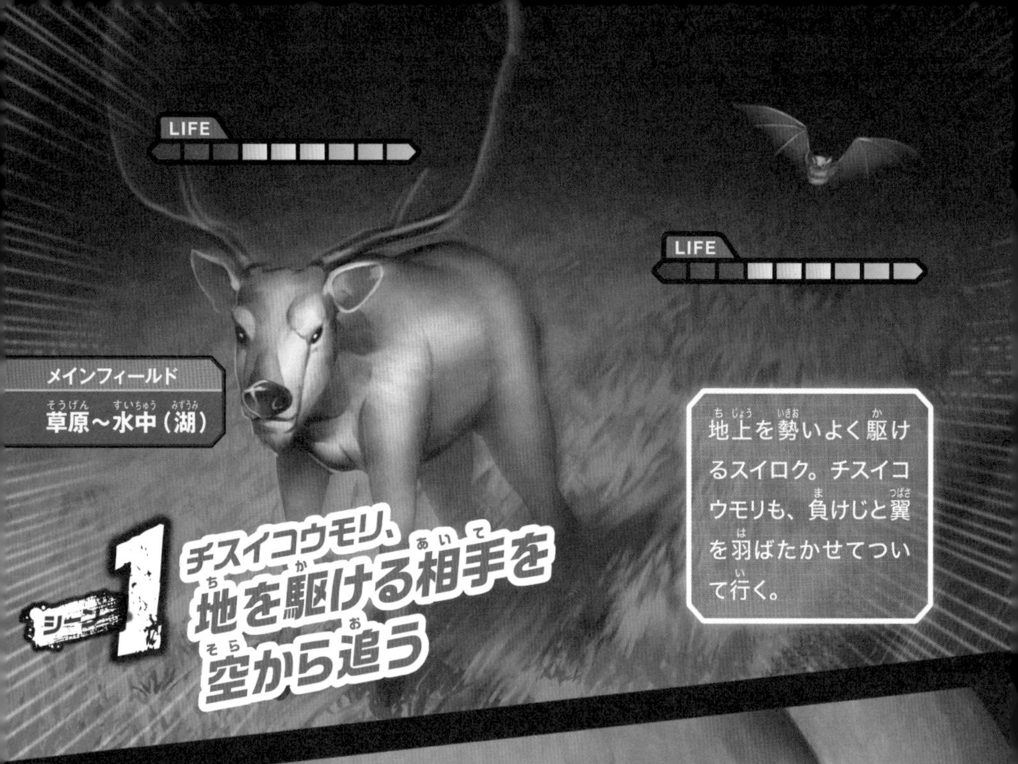


メインフィールド

草原《そうげん》～水中《すいちゅう》（湖《みずうみ》）

## シーン1 チスイコウモリ、地《ち》を駆《か》ける相手《あいて》を空《そら》から追《お》う

地上《ちじょう》を勢《いきお》いよく駆《か》けるスイロク。チスイコウモリも、負《ま》けじと翼《つばさ》を羽《は》ばたかせてついて行《い》く。

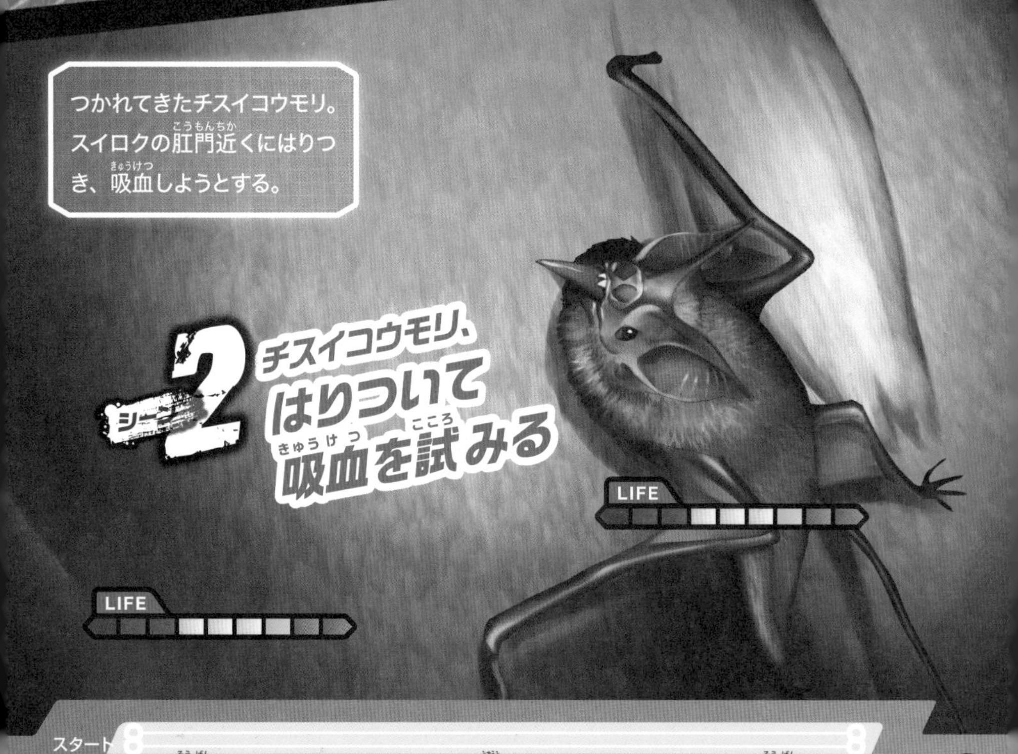


つかれてきたチスイコウモリ。スイロクの肛門近《こうもんちか》くにはりつき、吸血《きゅうけつ》しようとする。

## シーン2 チスイコウモリ、はりついて吸血《きゅうけつ》を試《こころ》みる

スタート 草原《そうげん》 湖《みずうみ》 草原《そうげん》

## シー 3

## スイロクが湖《みずうみ》にいきおいよく飛《と》びこむ

LIFE

Winner!

勝《しょう》者《しゃ》 危険生物軍《きけんせいぶつぐん》 スイロク

スイロクは、湖《みずうみ》に飛《と》びこみ、潜水《せんすい》で進《すす》む。チスイコウモリは逃《に》げおくれて、水中《すいちゅう》ででき死《し》した！　陸《りく》に上《あ》がったスイロクは、チスイコウモリの死《し》に気《き》づくことなく、爆走《ばくそう》を続《つづ》ける。

### バトル結果《けっか》

チスイコウモリは、うまくスイロクにはりつくことに成功《せいこう》したが、スイロクが水中《すいちゅう》に飛《と》びこんだことで、吸血作戦《きゅうけつさくせん》は失敗《しっぱい》に終《お》わり、命《いのち》を落《お》とした。

LIFE

TIME
12分《ふん》21秒《びょう》

# 史上《しじょう》最大《さいだい》飛《ひ》しょう昆虫《こんちゅう》 VS. 大型《おおがた》最恐《さいきょう》翼竜《よくりゅう》

地球史上最大《ちきゅうしじょうさいだい》の昆虫《こんちゅう》

## メガネウラ

大《おお》きなクチバシを持《も》つ巨大翼竜《きょだいよくりゅう》

## プテラノドン

**DATA**

**分類《ぶんるい》** 昆虫《こんちゅう》・オオトンボ目《もく》
メガネウラ科《か》
**分布《ぶんぷ》** パンゲア
**年代《ねんだい》** 古生代石炭紀《こせいだいせきたんき》
**武器《ぶき》** アゴ・飛行《ひこう》
**環境《かんきょう》** 空中《くうちゅう》

**DATA**

**分類《ぶんるい》** は虫類《ちゅうるい》・翼竜目《よくりゅうもく》
プテラノドン科《か》
**分布《ぶんぷ》** アメリカ・日本《にほん》
**年代《ねんだい》** 中生代《ちゅうせいだい》・白亜紀後期《はくあきこうき》
**武器《ぶき》** 滑空《かっくう》・羽《はね》
**環境《かんきょう》** 空中《くうちゅう》

**恐竜《きょうりゅう》・古生物軍《こせいぶつぐん》**

水平飛行《すいへいひこう》で高速移動《こうそくいどう》をしたり、その場《ば》で静止《せいし》したり、まるでドローンのように空《そら》を移動《いどう》できるメガネウラ。そのたぐいまれなる飛行能力《ひこうのうりょく》を活《い》かして、大型《おおがた》翼竜《よくりゅう》・プテラノドンとの空中決戦《くうちゅうけっせん》にいどむ。

**時速《じそく》** 30km《キロメートル》
**体長《たいちょう》** 70cm《センチメートル》／**体重《たいじゅう》** 60g《グラム》
**肉食《にくしょく》**

**戦力分析《せんりょくぶんせき》**

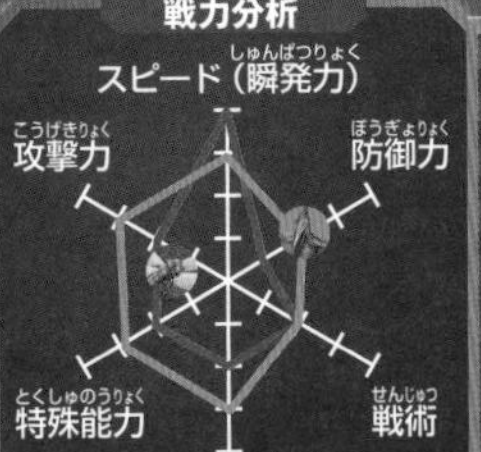


**恐竜《きょうりゅう》・古生物軍《こせいぶつぐん》**

初戦《しょせん》では、体《からだ》にはりついてきた吸血鳥《きゅうけつちょう》・ハシボソガラパゴスフィンチを、高速滑空《こうそくかっくう》でふり落《お》として撃破《げきは》。次《つぎ》なる相手《あいて》は、地球史上最大《ちきゅうしじょうさいだい》の昆虫《こんちゅう》であるメガネウラとの飛行対決《ひこうたいけつ》だ。

**時速《じそく》** 50km《キロメートル》
**体長《たいちょう》** 1.8m《メートル》（翼幅《よくはば》7m《メートル》）／**体重《たいじゅう》** 25kg《キログラム》
**魚食《ぎょしょく》**

## シーン1 空《そら》を飛《と》ぶ2匹《ひき》による空中《くうちゅう》のレース

プテラノドンは、大《おお》きな翼《つばさ》を羽《は》ばたかせながら、大空《おおぞら》を進《すす》む。巨《きょ》大《だい》トンボ・メガネウラは地上付近《ちじょうふきん》で低空飛行《ていくうひこう》を続《つづ》ける。

メインフィールド
草原《そうげん》

## シーン2 プテラノドン、急降下《きゅうこうか》してとらえる

プテラノドンは、海《うみ》で魚《さかな》をつかまえるときのように急降下《きゅうこうか》。大《おお》きな口《くち》を開《ひら》き、メガネウラをクチバシでキャッチした!

スタート
草原《そうげん》
荒野《こうや》

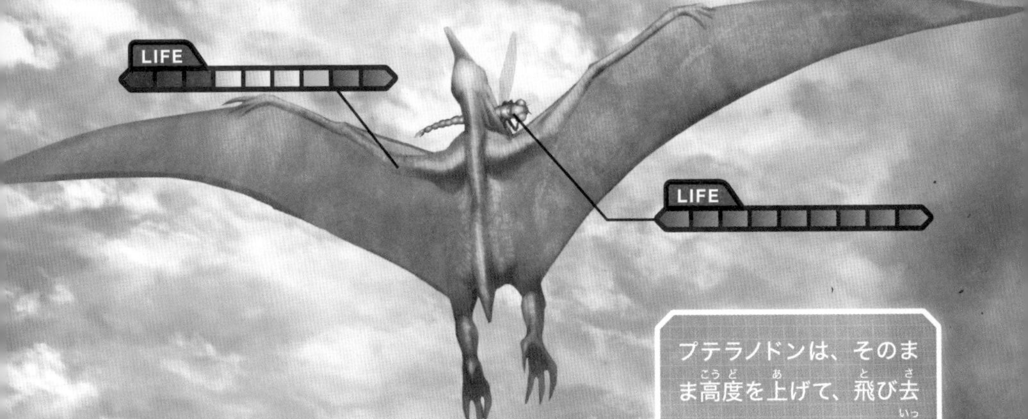


プテラノドンは、そのまま高度《こうど》を上《あ》げて、飛《と》び去《さ》っていく。メガネウラの一《いっ》瞬《しゅん》のスキをついたきしゅう攻撃《こうげき》だった。

## シーン 3 プテラノドンが さっそうと飛《と》び去《さ》る

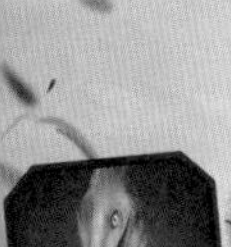

**Winner!**

勝者《しょうしゃ》 恐竜《きょうりゅう》・古生物軍《こせいぶつぐん》 **プテラノドン**

TIME
2分《ふん》01秒《びょう》

### バトル結果《けっか》

昆虫界最強《こんちゅうかいさいきょう》の捕食者《ほしょくしゃ》であるメガネウラは、大型翼《おおがたよく》竜《りゅう》・プテラノドンの急降下《きゅうこうか》によるきしゅう攻撃《こうげき》のために、あえなく捕食《ほしょく》されてしまった。

# 最《もっと》も怖《おそ》れを知《し》らない闘《たたか》う鳥《とり》 VS.悪魔《あくま》のような凶暴翼竜《きょうぼうよくりゅう》

勇《いさ》ましき日本《にほん》の国鳥《こくちょう》

## ニホンキジ

空《そら》飛《と》ぶ漁師《りょうし》

## ランフォリンクス

**DATA**

**分類《ぶんるい》** 鳥類《ちょうるい》・キジ目《もく》キジ科《か》
**分布《ぶんぷ》** 日本《にほん》
**年代《ねんだい》** 現代《げんだい》
**武器《ぶき》** クチバシ・足《あし》

**環境《かんきょう》** 陸《りく》＆空《そら》

**DATA**

**分類《ぶんるい》** は虫類《ちゅうるい》・翼竜目《よくりゅうもく》
ランフォリンクス科《か》
**分布《ぶんぷ》** ヨーロッパ・アフリカ
**年代《ねんだい》** 中生代《ちゅうせいだい》ジュラ紀《き》
**武器《ぶき》** 歯《は》

**環境《かんきょう》** 空中《くうちゅう》

### 危険生物軍《きけんせいぶつぐん》

ばつ群《ぐん》の戦《せん》とうセンスと自《じ》まんの脚力《きゃくりょく》で、第《だい》1レースでアーケオプテリクスを撃破《げきは》した。はんしょく期《き》のオスは特《とく》に気性《きしょう》が荒《あら》く、縄張《なわば》りに入《はい》ってきた相手《あいて》なら、たとえ人間《にんげん》やトラックでもいどみかかる血《ち》にうえた戦士《せんし》だ。

**時速《じそく》** 20km《キロメートル》（しっ走《そう》）・35km《キロメートル》(飛行《ひこう》)
**体長《たいちょう》** 80cm《センチメートル》／**体重《たいじゅう》** 1kg《キログラム》
**雑食《ざっしょく》**

### 戦力分析《せんりょくぶんせき》

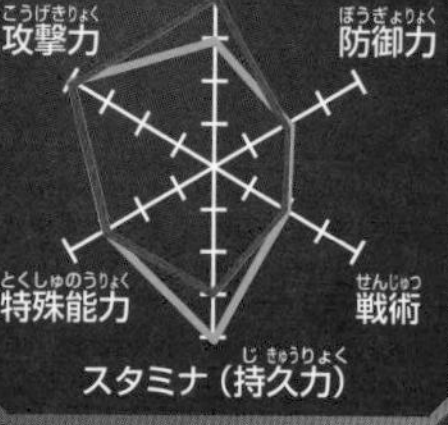

### 恐竜《きょうりゅう》・古生物軍《こせいぶつぐん》

飛《ひ》行能力《こうのうりょく》の高《たか》い翼竜《よくりゅう》ランフォリンクスは、第《だい》1レースで滑空《かっくう》するトビトカゲをたおした。地表《ちひょう》での戦《たたか》いを得意《とくい》とするキジに対《たい》して、自分《じぶん》の有利《ゆうり》な地形《ちけい》や環境《かんきょう》で、いかにレースやバトルを展開《てんかい》するかが勝利《しょうり》へのカギをにぎる。

**時速《じそく》** 40km《キロメートル》(飛行《ひこう》)
**体長《たいちょう》** 1.26m《メートル》（翼長《よくちょう》1.81m《メートル》）／**体重《たいじゅう》** 3kg《キログラム》
**魚食《ぎょしょく》**

## シーン1 陸《りく》と空《そら》の激《はげ》しいレース展開《てんかい》

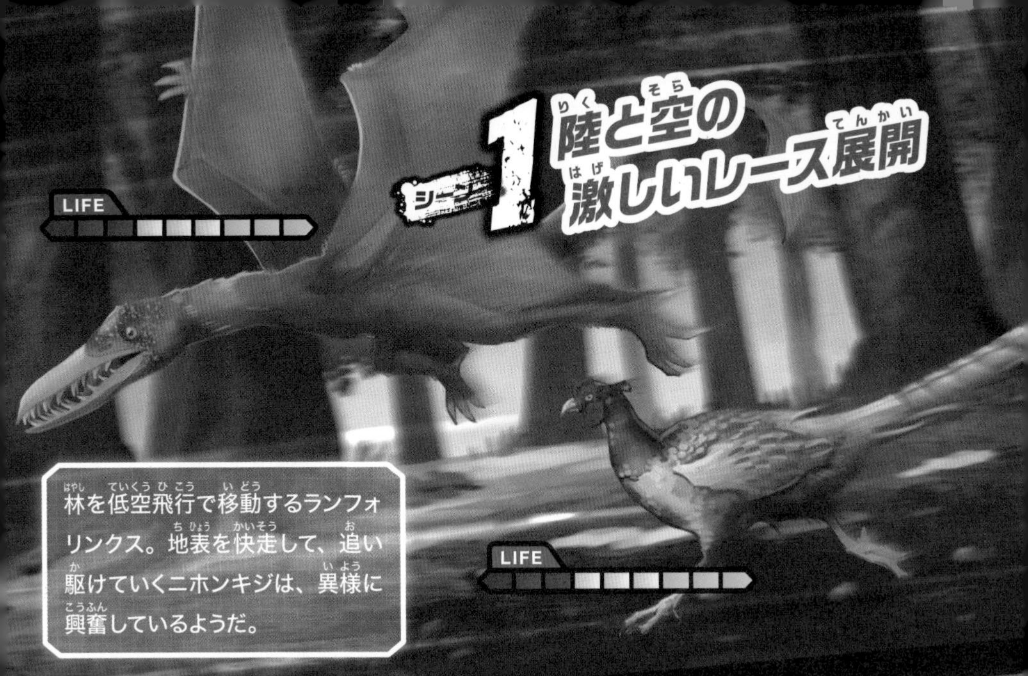


林《はやし》を低空飛行《ていくうひこう》で移動《いどう》するランフォリンクス。地表《ちひょう》を快走《かいそう》して、追《お》い駆《か》けていくニホンキジは、異様《いよう》に興奮《こうふん》しているようだ。

メインフィールド

林《はやし》

## シーン2 ニホンキジ、赤《あか》い模様《もよう》に興奮《こうふん》する

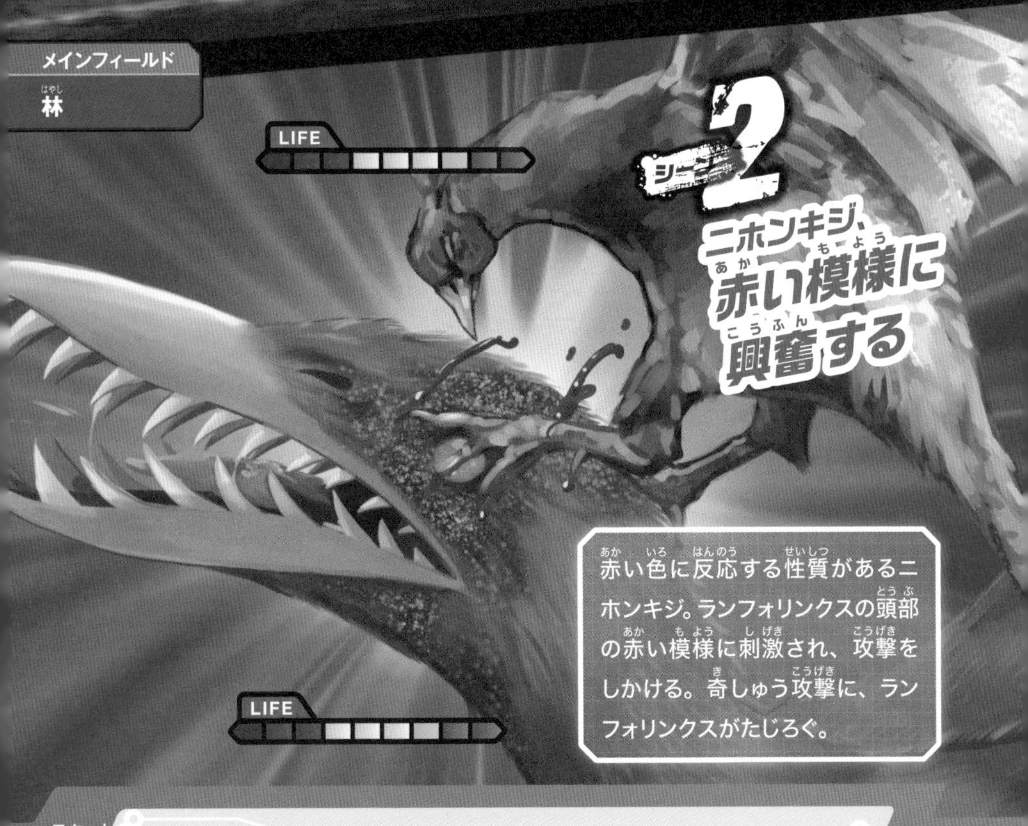


赤《あか》い色《いろ》に反応《はんのう》する性質《せいしつ》があるニホンキジ。ランフォリンクスの頭部《とうぶ》の赤《あか》い模様《もよう》に刺激《しげき》され、攻撃《こうげき》をしかける。奇《き》しゅう攻撃《こうげき》に、ランフォリンクスがたじろぐ。

スタート 林《はやし》 湖《みずうみ》

シ 3

## ニホンキジの連続《れんぞく》つつき攻撃《こうげき》がさくれつ!

連続《れんぞく》つつき攻撃《こうげき》をあびせかけるニホンキジ。ランフォリンクスはダウンしてしまい、レースは続行《ぞっこう》不《ふ》可《か》能《のう》となってしまった。ニホンキジは空《そら》を飛《と》んで、湖水《こすい》エリアを進《すす》んでいく。

**Winner!**

勝《しょう》者《しゃ》 危険生物軍《きけんせいぶつぐん》 ニホンキジ

TIME 13分《ふん》21秒《びょう》

### バトル結果《けっか》

飛行《ひこう》があまり得意《とくい》ではないキジは、魚食《ぎょしょく》のランフォリンクスとの湖《みずうみ》での空中決戦《くうちゅうけっせん》をさけ、自分《じぶん》が得意《とくい》な陸上《りくじょう》でのエリアで戦《せん》とうをしかけた。ニホンキジの作戦《さくせん》勝《が》ちとなった。

空《そら》の絶対王者《ぜったいおうじゃ》

## イヌワシ

DATA

分類《ぶんるい》 鳥類《ちょうるい》・タカ目《もく》タカ科《か》
分布《ぶんぶ》 北半球《きたはんきゅう》の山岳地帯《さんがくちたい》
年代《ねんだい》 現代《げんだい》
武器《ぶき》 脚力《きゃくりょく》・急降下《きゅうこうか》

環境《かんきょう》
空中《くうちゅう》

古代《こだい》の肉食《にくしょく》モモンガ

## ボラティコテリウム

DATA

分類《ぶんるい》 ほ乳類《にゅうるい》・翔獣目《しょうじゅうもく》
ボラティコテリウム科《か》
分布《ぶんぶ》 中国《ちゅうごく》
年代《ねんだい》 中生代《ちゅうせいだい》ジュラ紀《き》
武器《ぶき》 キバ

環境《かんきょう》
陸《りく》&空《くう》

# 空《そら》のオオカミ vs.どん欲《よく》な森《もり》のハンター

### 危険生物軍《きけんせいぶつぐん》

自《じ》分《ぶん》よりも体《からだ》の大《おお》きなティラコスミルスを、圧《あっ》とう的《てき》な戦《せん》とう能力《のうりょく》でたおして第《だい》1レースに勝利《しょうり》したイヌワシ。第《だい》2レースでは、滑空《かっくう》を得意《とくい》とするボラティコテリウムとの、空中《くうちゅう》レースにいどむ。

**時速《じそく》** 120km《キロメートル》(飛行《ひこう》)
**体長《たいちょう》** 120cm《センチメートル》（翼長220cm《センチメートル》）／**体重《たいじゅう》** 5kg《キログラム》
**肉食《にくしょく》**

戦力分析《せんりょくぶんせき》

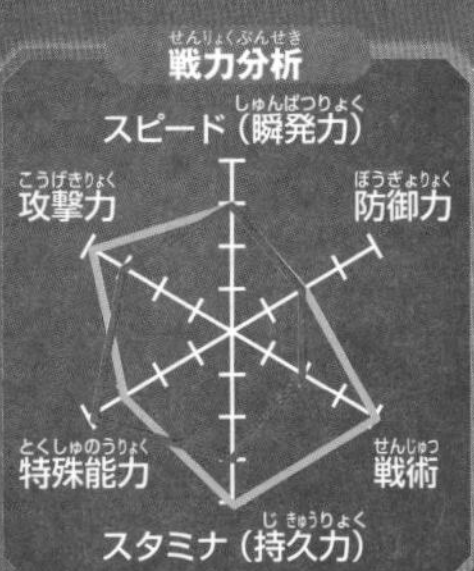

### 恐竜《きょうりゅう》・古生物軍《こせいぶつぐん》

森《もり》の中《なか》を、枝《えだ》から枝《えだ》へ、まるで曲芸師《きょくげいし》のように移動《いどう》するボラティコテリウム。第《だい》1レースでは、その滑空技術《かっくうぎじゅつ》を駆使《くし》して、強敵《きょうてき》オオスズメバチをたおした。第《だい》2レースでは、鳥類《ちょうるい》で最高水準《さいこうすいじゅん》の飛行技術《ひこうぎじゅつ》を持《も》つイヌワシにいどむ。

**時速《じそく》** 6km《キロメートル》(滑空《かっくう》)
**体長《たいちょう》** 14cm《センチメートル》／**体重《たいじゅう》** 300g《グラム》
**肉食《にくしょく》**

木《き》から木《き》へたくみに滑空《かっくう》する古代《こだい》の巨大《きょだい》モモンガ・ボラティコテリウムは、林《はやし》のエリアに入《はい》っていく。それにさそわれるように、イヌワシも林《はやし》に低空《ていくう》飛行《ひこう》でしん入《にゅう》する。

メインフィールド
林《はやし》

## シーン1 イヌワシ、林《はやし》の中《なか》にさそいこまれる

ボラティコテリウムが、林《はやし》の中《なか》を滑空《かっくう》でどんどん進《すす》んでいく。イヌワシは、木々《きぎ》をさけながら何《なん》とか飛行《ひこう》を続《つづ》ける。しかし、障害物《しょうがいぶつ》があるせまい場所《ばしょ》を飛《と》ぶのは苦手《にがて》で、おくれをとり始《はじ》める。

## シーン2 ボラティコテリウムが林《はやし》の中《なか》を滑空《かっくう》で進《すす》む

スタート
草原《そうげん》　林《はやし》

# Winner!

勝者《しょうしゃ》 危険生物軍《きけんせいぶつぐん》 イヌワシ

## シーン 3 イヌワシ、林《はやし》を出《で》てからのごう快《かい》な飛行《ひこう》

やがてコースは林《はやし》の切《き》れ目《め》に。ボラティコテリウムは滑空《かっくう》できなくなり、仕《し》方《かた》なく地上《ちじょう》を走《はSi》ることに…。一方《いっぽう》のイヌワシは、空中《くうちゅう》を羽《は》ばたき、大差《たいさ》をつけて、勝利《しょうり》を手《て》にする。

TIME

18分《ふん》01秒《びょう》

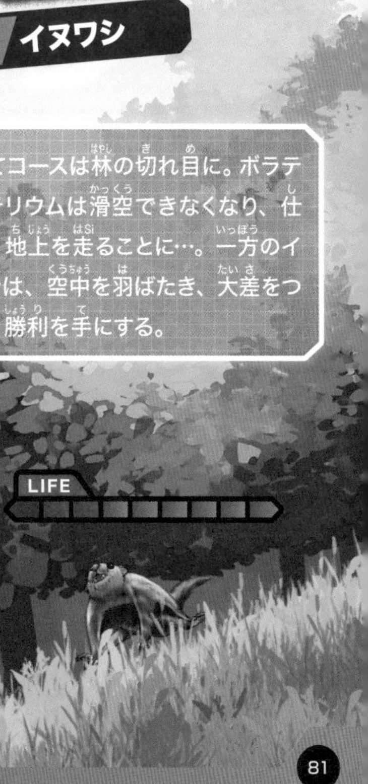


### バトル結果《けっか》

林《はやし》の中《なか》での移動《いどう》にイヌワシが苦戦《くせん》する中《なか》、ボラティコテリウムは得意《とくい》の滑空《かっくう》でリードする。しかし、林《はやし》をぬけて、滑空《かっくう》できる木《き》を見失《みうしな》ったとたんに失速《しっそく》。イヌワシが勝利《しょうり》した。

# 華麗《かれい》に宙《ちゅう》を舞《ま》う獣《けもの》 vs.ゴリラ馬《うま》!?

森《もり》の滑空王《かっくうおう》
## ヒヨケザル

ウマ面《づら》をしたサイの祖先《そせん》
## モロプス

**DATA**

**分類《ぶんるい》** ほ乳類《にゅうるい》・ヒヨケザル目《もく》
ヒヨケザル科《か》
**分布《ぶんぷ》** 東南《とうなん》アジア
**年代《ねんだい》** 現代《げんだい》
**武器《ぶき》** 滑空《かっくう》
**環境《かんきょう》** 陸《りく》&空《そら》

**DATA**

**分類《ぶんるい》** ほ乳類《にゅうるい》・奇蹄目《きていもく》
カリコテリウム科《か》
**分布《ぶんぷ》** 北《きた》アメリカ・ヨーロッパ
**年代《ねんだい》** 新生代《しんせいだい》
**武器《ぶき》** カギヅメ
**環境《かんきょう》** 陸地《りくち》

### 危険生物軍《きけんせいぶつぐん》

圧《あっ》とう的《てき》な滑空能力《かっくうのうりょく》の高《たか》さで、初戦《しょせん》では、ロンギスクアマとのデッドヒートを制《せい》したヒヨケザル。木《き》から飛《と》び降《お》りて、1m《メートル》落下《らっか》する間《あいだ》におよそ10m《メートル》進《すす》むことができる、驚異《きょうい》の滑空能力《かっくうのうりょく》を武器《ぶき》に、第《だい》2レースとっ破《ぱ》を目指《めざ》す。

**時速《じそく》** 10km《キロメートル》(滑空《かっくう》)
**体長《たいちょう》** 45cm《センチメートル》／**体重《たいじゅう》** 2kg《キログラム》
**植物食《しょくぶつしょく》**

**戦力分析《せんりょくぶんせき》**

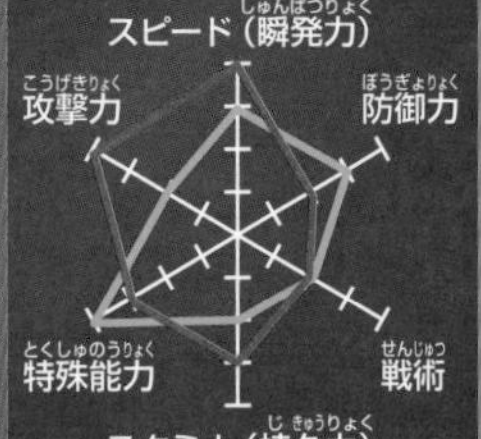

### 恐竜《きょうりゅう》・古生物軍《こせいぶつぐん》

モロプスは、第《だい》1レースで、力強《ちからづよ》い走《はし》りと前足《まえあし》のパワフルな一撃《いちげき》で、快速《かいそく》ランナー・オオミチバシリから勝利《しょうり》をつかんだ。次《つぎ》なる相手《あいて》は、滑空《かっくう》の使《つか》い手《て》・ヒヨケザルだ。自分《じぶん》の持《も》ち味《あじ》をいかに発揮《はっき》するかが、勝利《しょうり》の決《き》め手《て》となる。

**時速《じそく》** 20km《キロメートル》
**体長《たいちょう》** 2.4m《メートル》／**体重《たいじゅう》** 不明《ふめい》
**植物食《しょくぶつしょく》**

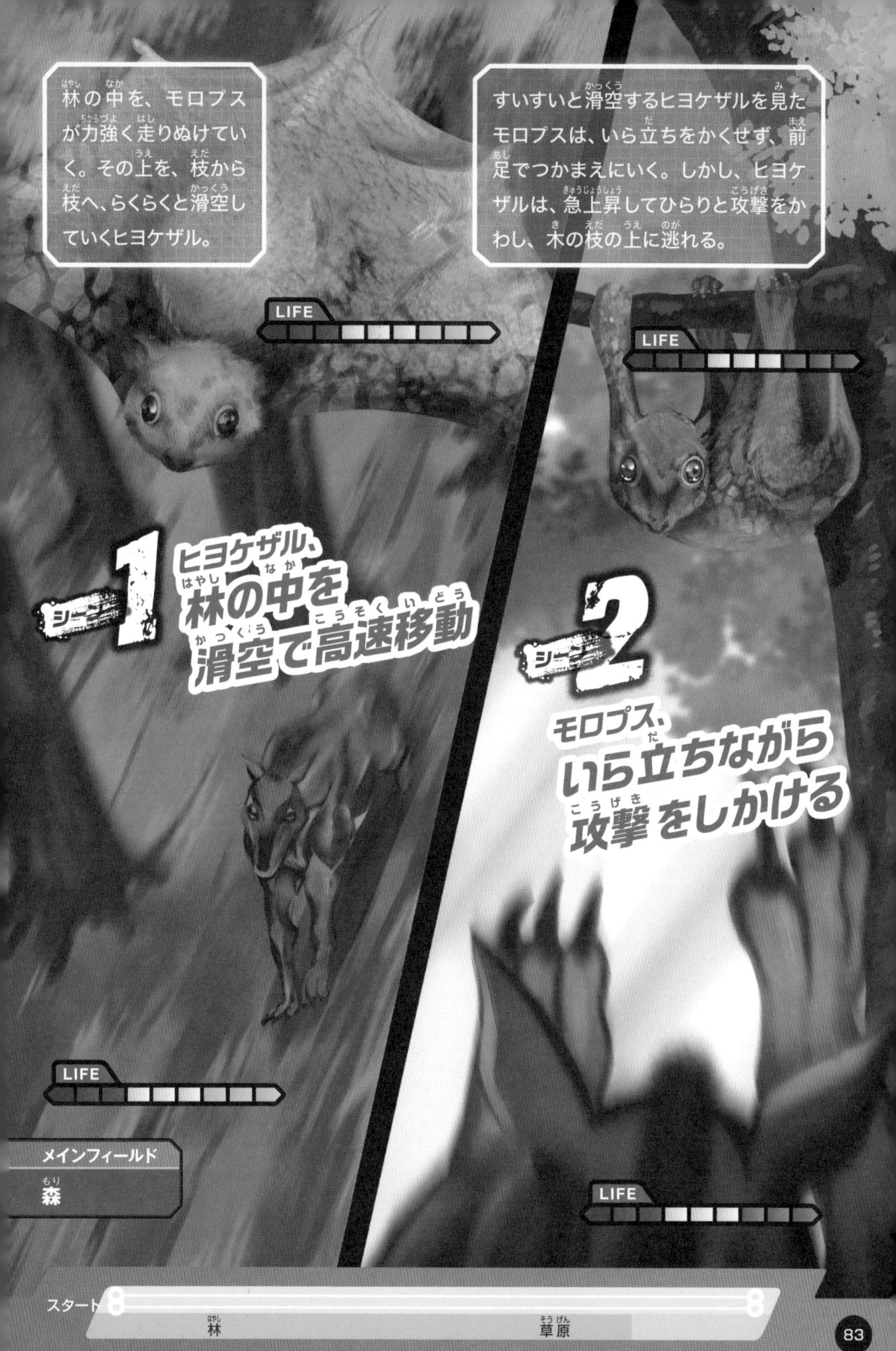


## シーン1 ヒヨケザル、林《はやし》の中《なか》を滑空《かっくう》で高速移動《こうそくいどう》

林《はやし》の中《なか》を、モロプスが力強《ちからづよ》く走《はし》りぬけていく。その上《うえ》を、枝《えだ》から枝《えだ》へ、らくらくと滑空《かっくう》していくヒヨケザル。

## シーン2 モロプス、いら立《だ》ちながら攻撃《こうげき》をしかける

すいすいと滑空《かっくう》するヒヨケザルを見《み》たモロプスは、いら立《だ》ちをかくせず、前足《まえあし》でつかまえにいく。しかし、ヒヨケザルは、急上昇《きゅうじょうしょう》してひらりと攻撃《こうげき》をかわし、木《き》の枝《えだ》の上《うえ》に逃《のが》れる。

## 3
## モロプス、立《た》ち上《あ》がり前足攻撃《まえあしこうげき》！

モロプス、後《うし》ろ足《あし》だけで立《た》ちあがり、ヒヨケザルに前足《まえあし》をたたきつける。重傷《じゅうしょう》を負《お》ったヒヨケザルは、レース続行《ぞっこう》不能《ふのう》に。モロプスは、草原《そうげん》を駆《か》け、ひたすら前進《ぜんしん》していく。

**Winner!**

勝者《しょうしゃ》　恐竜《きょうりゅう》・古生物軍《こせいぶつぐん》　モロプス

TIME
3分《ふん》44秒《びょう》

### バトル結果《けっか》

後《うし》ろ足《あし》だけで立《た》ち、高《たか》い木《き》の葉《は》などを食《た》べていたモロプスは、頭上《ずじょう》にいるヒヨケザルをつかまえるのはお手《て》の物《もの》。一見《いっけん》すると馬《うま》のような姿《すがた》のモロプスの身体能力《しんたいのうりょく》を見《み》ぬけなかったことが、ヒヨケザルの敗因《はいいん》となった。

# 高速毒恐竜《こうそくどくきょうりゅう》 vs.地下《ちか》トンネル王《おう》

毒《どく》を持《も》つ凶悪恐竜《きょうあくきょうりゅう》

## シノルニトサウルス

**DATA**

**分類《ぶんるい》** は虫類《ちゅうるい》・竜盤類《りゅうばんるい》
ドロマエオサウルス科《か》

**分布《ぶんぶ》** 中国《ちゅうごく》

**年代《ねんだい》** 中生代白亜紀《ちゅうせいだいはくあき》

**武器《ぶき》** 毒牙《どくが》

**環境《かんきょう》** 陸地《りくち》

2本《ほん》のツノを持《も》つネズミ

## エピガウルス

**DATA**

**分類《ぶんるい》** ほ乳類《にゅうるい》・齧歯目《げっしもく》
ミラガウルス科《か》

**分布《ぶんぶ》** アメリカ大陸《たいりく》

**年代《ねんだい》** 新生代《しんせいだい》

**武器《ぶき》** ツノ

**環境《かんきょう》** 陸地《りくち》

**恐竜《きょうりゅう》・古生物軍《こせいぶつぐん》**

第《だい》1レースでトビヘビを撃破《げきは》し、毒《どく》を持《も》つ生物同士《せいぶつどうし》のレースを制《せい》した。続《つづ》く第《だい》2レースでは、ツノを持《も》つネズミ・エピガウルスとの勝負《しょうぶ》だ。スピードだけでなく持久力《じきゅうりょく》を求《もと》められる、荒野《こうや》での対決《たいけつ》が始《はじ》まる。

**時速《じそく》** 20km《キロメートル》(滑空《かっくう》)
**体長《たいちょう》** 90cm《センチメートル》／**体重《たいじゅう》** 3kg《キログラム》
**植物食《しょくぶつしょく》**

**戦力分析《せんりょくぶんせき》**

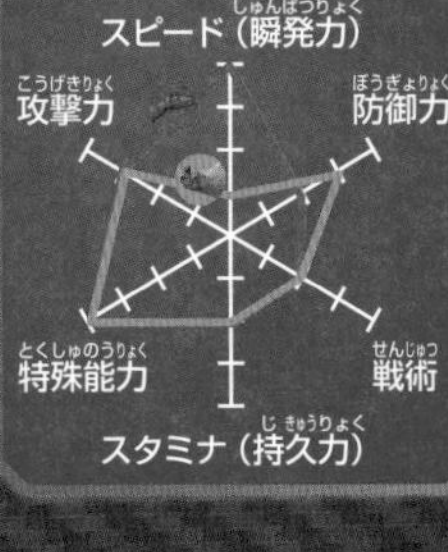

**恐竜《きょうりゅう》・古生物軍《こせいぶつぐん》**

空《そら》を浮遊《ふゆう》するクモと戦《たたか》った第《だい》1レースは、運《うん》よくエピガウルスが勝利《しょうり》をつかんだ。第《だい》2レースの相手《あいて》は、手足《てあし》に羽毛《うもう》を持《も》ち、レーシングカーのように高速移動《こうそくいどう》するシノルニトサウルスだ。強敵《きょうてき》を相手《あいて》に打開策《だかいさく》を見《み》いだせるのか？

**時速《じそく》** 4km《キロメートル》
**体長《たいちょう》** 40cm《センチメートル》／**体重《たいじゅう》** 2kg《キログラム》
**植物食《しょくぶつしょく》**

## シーン1 エピガウルスがまさかのスタートダッシュ！

エピガウルスが、意外《いがい》にもスタートダッシュで引《ひ》きはなす。一方《いっぽう》、体力温存《たいりょくおんぞん》のため、シノルニトサウルスは、ゆっくりとした出《で》だしで走《はし》り始《はじ》める。荒野《こうや》に入《はい》ると、地面《じめん》の穴《あな》で休《きゅう》けいするエピガウルスを発見《はっけん》する。

メインフィールド
荒野《こうや》

シノルニトサウルスは、そっと近寄《ちかよ》っていく。得意《とくい》の毒攻撃《どくこうげき》でしとめようとたくらんでいるようだ。エピガウルスは、まったく気《き》づく様子《ようす》がない。

## シーン2 シノルニトサウルスが休息《きゅうそく》を取《と》る相手《あいて》にしのび寄《よ》る

スタート
草原《そうげん》
穴《あな》
荒野《こうや》

## シーン 3 エピガウルス とつ然《ぜん》の ツノ攻撃《こうげき》！

Winner!

勝者《しょうしゃ》 恐竜《きょうりゅう》・古生物軍《こせいぶつぐん》 エピガウルス

エピガウルスがとつ然《ぜん》、穴《あな》から飛《と》び出《だ》した。油断《ゆだん》したシノルニトサウルスは、ツノで腹部《ふくぶ》を刺《さ》され、ひん死《し》の重傷《じゅうしょう》を負《お》う。エピガウルスは、一目散《いちもくさん》に走《はし》りさる。

### バトル結果《けっか》

まともにスピード勝負《しょうぶ》でレースをすれば勝《か》てないと感《かん》じたエピガウルスは、自分《じぶん》で穴《あな》をほり、そこでねたふりをするきばつな作戦《さくせん》で、見事《みごと》、毒恐竜《どくきょうりゅう》シノルニトサウルスを撃破《げきは》した。

TIME
7分《ふん》53秒《びょう》

エキシビジョン Exhibition 02

# 3大巨鳥《だいきょちょう》 陸上障害物《りくじょうしょうがいぶつ》レース

人間《にんげん》を背中《せなか》に乗《の》せて、地《ち》上《じょう》を走《はし》る、陸上最速《りくじょうさいそく》の鳥類《ちょうるい》を決《き》める決戦《けっせん》だ。騎手《きしゅ》が操作《そうさ》しながら、2000m《メートル》の障害物《しょうがいぶつ》のあるコースを走《はし》る、パワー・走力《そうりょく》・体力《たいりょく》・知力《ちりょく》が求《もと》められるレースだ。騎手《きしゅ》が落《お》ちると失格《しっかく》となる。

## 史上最大《しじょうさいだい》の鳥《とり》 モア

**武器《ぶき》** 脚力《きゃくりょく》（キック）
**時速《じそく》** 50km《キロメートル》
**体長《たいちょう》** 4m《メートル》／**体重《たいじゅう》** 300kg《キログラム》
**食性《しょくせい》** 植物食《しょくぶつしょく》

騎手《きしゅ》 ニュージーランド人《じん》（マオリ族《ぞく》）

## 史上最重量級《しじょうさいじゅうりょうきゅう》の鳥《とり》 エピオルニス

**武器《ぶき》** 脚力《きゃくりょく》（キック）／**時速《じそく》** 50km《キロメートル》
**体長《たいちょう》** 3.6m《メートル》／**体重《たいじゅう》** 500kg《キログラム》
**食性《しょくせい》** 植物食《しょくぶつしょく》

騎手《きしゅ》 マダガスカル人《じん》（高地民族《こうちみんぞく》）※アジア系《けい》

## 史上最速《しじょうさいそく》の陸鳥《りくちょう》 ダチョウ

**武器《ぶき》** 脚力《きゃくりょく》（キック）
**時速《じそく》** 70km《キロメートル》
**体長《たいちょう》** 2.8m《メートル》／**体重《たいじゅう》** 140kg《キログラム》
**食性《しょくせい》** 植物食《しょくぶつしょく》

騎手《きしゅ》 タンザニア人《じん》（マサイ族《ぞく》）

※騎手《きしゅ》の重《おも》さは、生物《せいぶつ》の重《おも》さに合《あ》わせて調整《ちょうせい》されています。

環境《かんきょう》 陸地《りくち》

**モア**
**分類《ぶんるい》** 鳥類《ちょうるい》・モア目《もく》モア科《か》
**分布《ぶんぷ》** ニュージーランド
**年代《ねんだい》** BC《ビーシー》1400年絶滅《ねんぜつめつ》

**エピオルニス**
**分類《ぶんるい》** 鳥類《ちょうるい》・エピオルニス目《もく》エピオルニス科《か》
**分布《ぶんぷ》** アフリカ（マダガスカル島《とう》）
**年代《ねんだい》** BC《ビーシー》1200年絶滅《ねんぜつめつ》

**ダチョウ**
**分類《ぶんるい》** 鳥類《ちょうるい》・ダチョウ目《もく》ダチョウ科《か》
**分布《ぶんぷ》** アフリカ
**年代《ねんだい》** 現代《げんだい》

## シーン1

身軽《みがる》なダチョウが、丸太《まるた》の障害物《しょうがいぶつ》を飛《と》び越《こ》えながらスタートダッシュをしかける。それを、モアとエピオルニスが追《お》いかける展開《てんかい》に。

## シーン2

浅《あさ》い池《いけ》を走《はし》っていたダチョウが、沼地《ぬまち》にふみこんでしまった。そこに、モアとエピオルニスが後方《こうほう》からせまり、長《なが》い首《くび》をのばしてクチバシで攻撃《こうげき》。ダチョウはダメージを受《う》け、さらに後《おく》れをとる。

## シーン3

最終《さいしゅう》の直線《ちょくせん》コースを、モアとエピオルニスがならんで、体当《たいあ》たりや攻撃《こうげき》をし合《あ》いながら走《はし》る。両者《りょうしゃ》、首《くび》をのばしながらゴール！　数《すう》センチの差《さ》で、エピオニルスの勝利《しょうり》。

## バトル結果《けっか》

最後《さいご》は、モアとエピオルニスが、体《からだ》をぶつけ合《あ》わせながらの死《し》とうとなったが、重量《じゅうりょう》で上回《うわまわ》るエピオルニスが、パワーで押《お》し切《き》って勝利《しょうり》をつかんだ。

COLUMN 03 コラム

## 羽毛《うもう》から見《み》えてきたナゾ

# 恐竜《きょうりゅう》は本当《ほんとう》に鳥《とり》の祖先《そせん》なのか？

はじめて羽毛《うもう》のこんせきがみつかったシノルニトサウルスの化石《かせき》。

写真：Dinoguy2

### 恐竜《きょうりゅう》の一部《いちぶ》のグループで鳥類《ちょうるい》との関係《かんけい》が見《み》えて来《き》た

〝恐竜《きょうりゅう》は鳥《とり》だった〟という見出《みだ》しをよく目《め》にします。恐竜《きょうりゅう》とは、は虫類《ちゅうるい》の大《おお》きなグループの総称《そうしょう》で、プレシオサウルスのような首長竜《くびながりゅう》、イクチオサウルスのような魚竜《ぎょりゅう》、プテラノドンのような翼《よく》竜《りゅう》は、恐竜《きょうりゅう》の仲間《なかま》ではありません。

さらに恐竜類《きょうりゅうるい》は、竜盤類《りゅうばんるい》と鳥盤類《ちょうばんるい》に分《わ》けることができ、竜盤類《りゅうばんるい》の中《なか》の獣脚《じゅうきゃく》類《るい》というグループの一部《いちぶ》だけで、羽毛《うもう》の化石《かせき》が発見《はっけん》され、現生《げんせい》の鳥類《ちょうるい》と関《かん》係《けい》していることがわかってきました。

### 「鳥類《ちょうるい》の祖先《そせん》である」とはまだ断定《だんてい》できない

ただし、翼《つばさ》や羽毛《うもう》を持《も》っているかどうかが、鳥類《ちょうるい》の分類《ぶんるい》の決《き》め手《て》ではありません。その他《た》、骨格《こっかく》や内臓《ないぞう》のつくり、はんしょく方法《ほうほう》、行動《こうどう》などで多《おお》くの共《きょう》通点《つうてん》が見《み》つからないと、〝鳥類《ちょうるい》〟とは言《い》えないのです。

特《とく》に、は虫類《ちゅうるい》は変温動物《へんおんどうぶつ》で、鳥類《ちょうるい》は恒温動物《こうおんどうぶつ》で、その差《さ》は大《おお》きなちがいです。化石《かせき》からは外観《がいかん》や骨《ほね》の一部《いちぶ》しかわからないので、どんな生理《せいり》で、どんな暮《く》らしをしていたのかもわかりません。今後《こんご》の新発見《しんはっけん》で、恐竜《きょうりゅう》と鳥《とり》の関係性《かんけいせい》が大《おお》きく変《か》わるかもしれませんね。

羽毛《うもう》は、翼《つばさ》は異性《いせい》への求愛《きゅうあい》など「ディスプレイ効果《こうか》」の役割《やくわり》も。

羽毛《うもう》は、空《そら》を「飛《と》ぶ」ための重要《じゅうよう》な役割《やくわり》をもつ。

羽毛《うもう》は「保温《ほおん》」の効果《こうか》ももつ。特《とく》に水鳥《みずどり》の胸《むね》の毛《け》は保温性《ほおんせい》が高《たか》い。

# Race《レース》

## 25 → 32

# 第《だい》3レース

西火山《にしかざん》の噴火《ふんか》の影響《えいきょう》によって、逃《に》げおくれた生物《せいぶつ》たちは、次《つぎ》つぎと命《いのち》を落《お》としていく。そして、島《しま》の中央山脈《ちゅうおうさんみゃく》でも、活火山《かつかざん》からけむりが上《あ》がり始《はじ》めた。不《ふ》おんな空気《くうき》がだよう中《なか》で、生物《せいぶつ》たちの移動《いどう》は続《つづ》く。

Race 25
第3レース

START!

# 母恐竜《ははきょうりゅう》の連続攻撃《れんぞくこうげき》

## 子育《こそだ》てをする恐竜《きょうりゅう》
## オビラプトロサウルス

**DATA**

**分類《ぶんるい》** は虫類《ちゅうるい》・竜盤目《りゅうばんもく》
オヴィラプトル科《か》
**分布《ぶんぷ》** モンゴル
**年代《ねんだい》** 中生代白亜紀後期《ちゅうせいだいはくあきこうき》
**武器《ぶき》** 歯《は》・しゅん足《そく》

**環境《かんきょう》** 陸地《りくち》

**恐竜《きょうりゅう》・古生物軍《こせいぶつぐん》**

初戦《しょせん》では狩《か》りの途中《とちゅう》でおそってきたコンドルをふり切《き》り、第《だい》2レースでは巣《す》をねらうヴェロキラプトルを撃破《げきは》して、第《だい》3レースに進出《しんしゅつ》した。世界一《せかいいち》きょう暴《ぼう》な鳥《とり》・ヒクイドリと、子《こ》どもたちを守《まも》る母性《ぼせい》の力《ちから》で対決《たいけつ》する。

**時速《じそく》** 50km《キロメートル》
**体長《たいちょう》** 2.5m《メートル》／**体重《たいじゅう》** 50kg《キログラム》／**雑食《ざっしょく》**

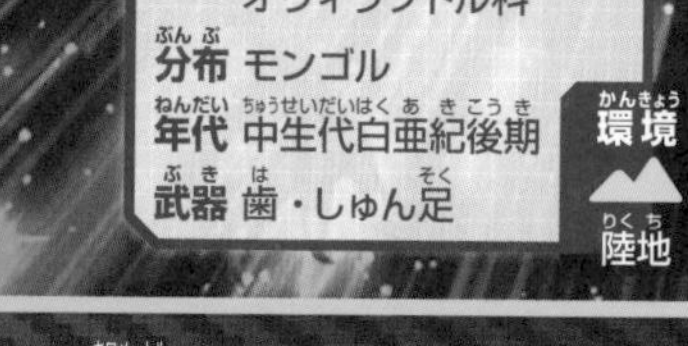

**時速《じそく》** 50km《キロメートル》(しっ走《そう》)
**体長《たいちょう》** 2m《メートル》／**体重《たいじゅう》** 90kg《キログラム》／**植物食《しょくぶつしょく》**

# vs.鳥類最強《ちょうるいさいきょう》のけり

## 世界一《せかいいち》きょう暴《ぼう》な鳥《とり》
# ヒクイドリ

**DATA**

**分類《ぶんるい》** 鳥類《ちょうるい》・ダチョウ目《もく》ヒクイドリ科《か》
**分布《ぶんぷ》** インドネシア、ニューギニア、オーストラリア
**年代《ねんだい》** 現代《げんだい》
**武器《ぶき》** クチバシ、キック

**環境《かんきょう》** 陸地《りくち》

**戦力分析《せんりょくぶんせき》**

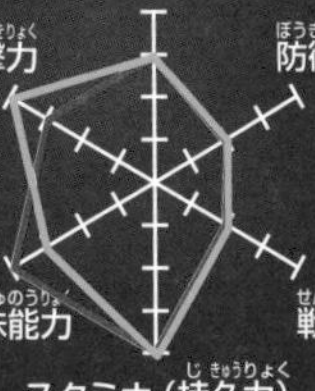


**危険生物軍《きけんせいぶつぐん》**

**レジェンド**

現生《げんせい》では、ダチョウに次《つ》いで2番目《ばんめ》に大《おお》きな鳥《とり》であるヒクイドリ。やられたらやりかえし、決《けっ》して引《ひ》き下《さ》がらないほど気性《きしょう》が荒《あら》い。時速《じそく》50ｍ《メートル》のしゅん足《そく》を持《も》つ健《けん》きゃくでもあり、その足《あし》からくり出《だ》されるけりは非常《ひじょう》に強力《きょうりょく》だ。

## シーン1 オビラプトロサウルスとヒクイドリが森《もり》の中《なか》でそうぐう!

オビラプトロサウルスは子《こ》どもをつれて、森《もり》をいどう中《ちゅう》、川《かわ》にさしかかる。川岸《かわぎし》には一本《いっぽん》の木《き》がたおれ、反対岸《はんたいぎし》への道《みち》となっている。そこにヒクイドリが現《あらわ》れる。

## シーン2 両者《りょうしゃ》、ごかくの勝負《しょうぶ》

とう木《ぼく》の橋《はし》をわたる権利《けんり》をかけて、オビラプトロサウルスとヒクイドリのバトルがぼっ発《ぱつ》する。オビラプトロサウルスは体当《たいあ》たりとかみつき攻撃《こうげき》、ヒクイドリはたくみなフットワークとクチバシ攻《こう》撃《げき》で、ごかくの勝負《しょうぶ》をくり広《ひろ》げる。

ヒクイドリの必殺《ひっさつ》キックがさくれつし、オビラプトロサウルスは気絶《きぜつ》！　子《こ》どもたちが、周《まわ》りをかこむ。

## シ 3 ヒクイドリのこん身《しん》のキックがさく裂《れつ》！

**Winner!**

勝《しょう》者《しゃ》 危険生物軍《きけんせいぶつぐん》 ヒクイドリ

きょう暴性《ぼうせい》で勝《まさ》ったヒクイドリが、ゆうゆうと橋《はし》をわたっていく。

### バトル結果《けっか》

ヒクイドリとの勝負《しょうぶ》をよぎなくされたオビラプトロサウルスは、けん明《めい》に戦《たたか》ったが、格《かく》とう能力《のうりょく》で上《うわ》回《まわ》るヒクイドリの前《まえ》に敗《やぶ》れ去《さ》った。

TIME
13分《ふん》00秒《びょう》

Race 26
第3レース

# START!

# 快走《かいそう》する猛牛《もうぎゅう》

黒《くろ》い死神《しにがみ》

## アフリカスイギュウ

**DATA**

**分類《ぶんるい》** ほ乳類《にゅうるい》・偶蹄目《ぐうていもく》ウシ科《か》
**分布《ぶんぷ》** アフリカ
**年代《ねんだい》** 現代《げんだい》
**武器《ぶき》** 角《つの》

**環境《かんきょう》**
陸地《りくち》

**危険生物軍《きけんせいぶつぐん》**

**時速《じそく》** 30km《キロメートル》
**全長《ぜんちょう》** 3.4m《メートル》／**体重《たいじゅう》** 900kg《キログラム》／**草食《そうしょく》**

パワフルなとっ進力《しんりょく》と、強《きょう》じんな体力《たいりょく》で、これまでのレースを乗《の》り切《き》ってきたアフリカスイギュウ。第《だい》3レースで戦《たたか》うシードわくのレジェンド生物《せいぶつ》は、地球史上最大《ちきゅうしじょうさいだい》の鳥《とり》・ハーストイーグルという強敵《きょうてき》だ。

**時速《じそく》** 100km《キロメートル》(水平飛行《すいへいひこう》)
**翼長《よくちょう》** 3m《メートル》／**体重《たいじゅう》** 10kg《キログラム》／**肉食《にくしょく》**

# VS.大《おお》いなる羽《は》ばたき

## 地球史上最大《ちきゅうしじょうさいだい》の猛《もう》きん類《るい》
# ハーストイーグル

**DATA**

分類《ぶんるい》 鳥類《ちょうるい》・タカ目《もく》タカ科《か》
分布《ぶんぷ》 ニュージーランド
年代《ねんだい》 BC1500年絶滅《ねんぜつめつ》
武器《ぶき》 あく力《りょく》

環境《かんきょう》
空中《くうちゅう》

レジェンド

恐竜《きょうりゅう》・古生物軍《こせいぶつぐん》

**戦力分析《せんりょくぶんせき》**

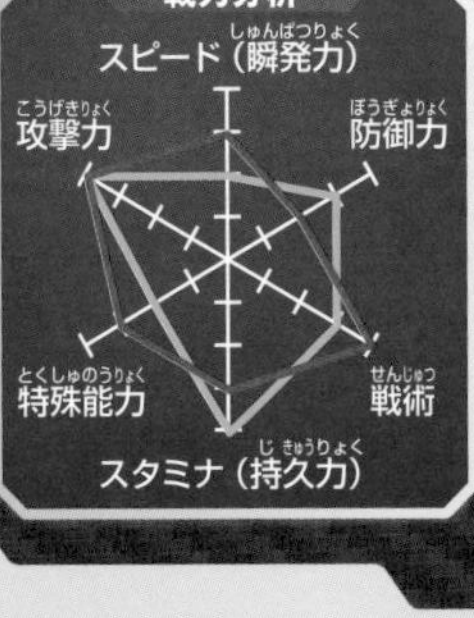


史《し》上最大《じょうさいだい》の猛《もう》きん類《るい》で、えものをとらえる足《あし》のあく力《りょく》は100kg《キログラム》を超《こ》える怪力《かいりき》の持《も》ち主《ぬし》だ。飛《ひ》しょう能力《のうりょく》も非常《ひじょう》に高《たか》く、自分《じぶん》よりも大《おお》きな獲物《えもの》もワシづかみに持《も》ち上《あ》げながら、飛《と》ぶことができた。

## シーン1 アフリカスイギュウ、草原《そうげん》を快走《かいそう》する

アフリカスイギュウが、草原《そうげん》をいきおいよく走《はし》っていく。遠《とお》くからハーストイーグルがせまって来《く》る。

メインフィールド

**草原《そうげん》**

## シーン2 ハーストイーグルが急降下《きゅうこうか》でおそう

ハーストイーグルは、アフリカスイギュウの後方《こうほう》から急降下《きゅうこうか》でせまり、背中《せなか》をわしづかみにする。

スタート

草原《そうげん》

## 3 ハーストイーグル、驚異《きょうい》の怪力《かいりき》を発揮《はっき》

ハーストイーグルは、自分《じぶん》よりも大《おお》きなアフリカスイギュウを持《も》ち上《あ》げたまま、はるかかなたに飛《と》び去《さ》っていく。

**Winner!**

勝者《しょうしゃ》　恐竜《きょうりゅう》・古生物軍《こせいぶつぐん》　ハーストイーグル

### バトル結果《けっか》

その後《あと》、アフリカスイギュウはつい落死《らくし》させられて、ハーストイーグルのえじきとなった。しっかりとエネルギー補給《ほきゅう》をしたハーストイーグルは、先《さき》に進《すす》んでいく。

TIME
9分《ふん》31秒《びょう》

Race 27
第3レース

START!

# 草食動物《そうしょくどうぶつ》の逃《に》げ足《あし》

水陸両用《すいりくりょうよう》のシカ

## スイロク（サンバー）

DATA

**分類《ぶんるい》** ほ乳類《にゅうるい》・偶蹄目《ぐうていもく》シカ科《か》
**分布《ぶんぷ》** 東南《とうなん》アジア
**年代《ねんだい》** 現代《げんだい》
**武器《ぶき》** キバ・せん水《すい》

**環境《かんきょう》** 陸《りく》＆水《すい》

**時速《じそく》** 50km《キロメートル》(しっ走《そう》)・3km《キロメートル》(潜水《せんすい》)
**体長《たいちょう》** 2m《メートル》／**体重《たいじゅう》** 180kg《キログラム》／**植物食《しょくぶつしょく》**

危険生物軍《きけんせいぶつぐん》

自《し》然界《ぜんかい》におけるスイロクの天敵《てんてき》は、トラやドールなどの肉食生物《にくしょくせいぶつ》だ。第《だい》3レースの相《あい》手《て》は、苦手《にがて》とする肉食動物《にくしょくどうぶつ》であり、地上最速動《ちじょうさいそくどう》物《ぶつ》のチーター。得意《とくい》の機動力《きどうりょく》を活《い》かして、いかに逃《に》げ切《き》るかが勝負《しょうぶ》の分《わ》かれ目《め》だ。

**時速《じそく》** 120km《キロメートル》
**体長《たいちょう》** 1.4m《メートル》／**体重《たいじゅう》** 65kg《キログラム》／**肉食《にくしょく》**

# vs. 肉食動物《にくしょくどうぶつ》No1《ナンバーワン》ハンティング

## 陸上最速《りくじょうさいそく》のハンター
# チーター

**DATA**

**分類《ぶんるい》** ほ乳類《にゅうるい》・食肉目《しょくにくもく》ネコ科《か》
**分布《ぶんぷ》** アフリカや中東《ちゅうとう》のサバンナ
**年代《ねんだい》** 現代《げんだい》
**武器《ぶき》** キバ

**環境《かんきょう》** 陸地《りくち》

**戦力分析《せんりょくぶんせき》**

**危険生物軍《きけんせいぶつぐん》** レジェンド

ほ乳類最速《にゅうるいさいそく》のスピードで走《はし》ることができ、しかも時速《じそく》100km《キロメートル》に達《たっ》するまでに、3秒《びょう》しかかからない加速能力《かそくのうりょく》を持《も》つ。ネックとなるのは体力《たいりょく》で、全速力《ぜんそくりょく》だと1分以上長《ぶんいじょうなが》く走《はし》れないというところ。いっしゅんのかけ引《ひ》きが勝負《しょうぶ》を決《き》める。

## シーン1 スイロクが先行《せんこう》で逃《に》げる

メインフィールド
草原《そうげん》→水辺《みずべ》

## シーン2 チーターが猛烈《もうれつ》な加速《かそく》で後方《こうほう》からせまる

チーターが加速《かそく》し始《はじ》め、どんどん距《きょ》離《り》を縮《ちぢ》めていく。そして、スイロクの背後《はいご》からおおいかぶさるようにとびつく。まさにそのしゅん間《かん》、スイロクは川《かわ》にとびこむ。

スタート
草原《そうげん》
湖《みずうみ》

肉食獣《にくしょくじゅう》と草食獣《そうしょくじゅう》のデッドヒートが始《はじ》まった。草原《そうげん》を全《ぜん》速力《そくりょく》で走《はし》るスイロク。それをチーターが、全速力《ぜんそくりょく》で追《お》っていく。

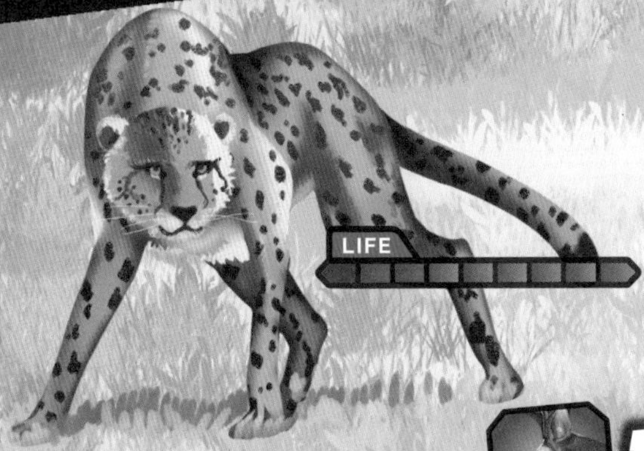


泳《およ》ぎが苦手《にがて》なチーターは、川《かわ》を渡《わた》るのをあきらめ、川岸《かわぎし》でたたずんでいる。スイロクは、水中《すいちゅう》をぐんぐんと進《すす》んで川《かわ》を越《こ》えて、先《さき》を急《いそ》ぐ。

**Winner!**

勝《しょう》者《しゃ》 危険生物軍《きけんせいぶつぐん》 スイロク

## シーン3 スイロク、特技《とくぎ》を活《い》かした逃《に》げきり作戦《さくせん》

TIME
7分《ふん》09秒《びょう》

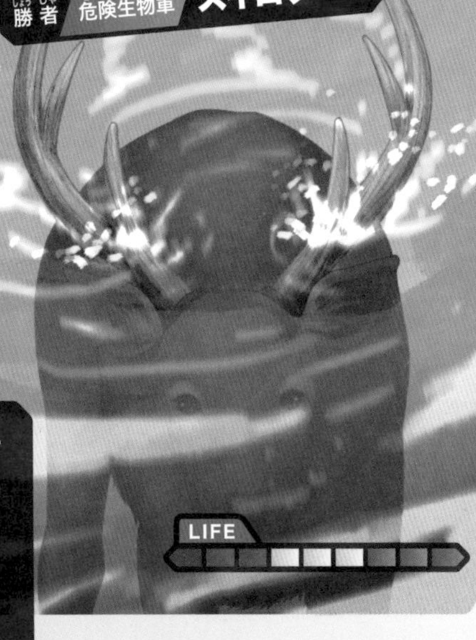


### バトル結果《けっか》

まさに数秒《すうびょう》のちがいで命運《めいうん》がわかれるレース展開《てんかい》となった。間一《かんいっ》ぱつ、水中《すいちゅう》にとびこんだスイロクに軍配《ぐんばい》が上《あ》がった。

Race 28
第3レース

START!

# ステルス戦闘機《せんとうき》

DATA

分類《ぶんるい》 は虫類《ちゅうるい》・翼竜目《よくりゅうもく》
プテラノドン科《か》
分布《ぶんぷ》 アメリカ・日本《にほん》
年代《ねんだい》 中生代白亜紀後期《ちゅうせいだいはくあきこうき》
武器《ぶき》 滑空《かっくう》・羽《はね》

環境《かんきょう》
空中《くうちゅう》

大《おお》きなクチバシを持《も》つ巨大翼竜《きょだいよくりゅう》

## プテラノドン

恐竜《きょうりゅう》・古生物軍《こせいぶつぐん》

吸血鳥《きゅうけつちょう》・ハシボソガラパゴスフィンチや地球《ちきゅう》史上最大《しじょうさいだい》の昆虫《こんちゅう》メガネウラを、危《あぶ》なげなくくだしてきたプテラノドン。今回《こんかい》は、自身《じしん》よりも体《からだ》の大《おお》きな翼竜《よくりゅう》で、同時代《どうじだい》を生《い》きたライバルであるケツァルコアトルスだ。

時速《じそく》 50km《キロメートル》
体長《たいちょう》 1.8m《メートル》（翼幅《よくはば》7m《メートル》）／体重《たいじゅう》 25kg《キログラム》／魚食《ぎょしょく》

時速《じそく》 50km《キロメートル》
体長《たいちょう》 6m《メートル》（翼幅《よくはば》12m《メートル》）／体重《たいじゅう》 250kg《キログラム》／魚食《ぎょしょく》

# VS.超巨大爆撃機《ちょうきょだいばくげきき》

## 地球史上最大級《ちきゅうしじょうさいだいきゅう》の飛《ひ》しょう生物《せいぶつ》

# ケツアルコアトルス

**DATA**

**分類《ぶんるい》** は虫類《ちゅうるい》・翼竜目《よくりゅうもく》
アズダルコ科《か》

**分布《ぶんぷ》** アメリカ・日本《にほん》

**年代《ねんだい》** 中生代白亜紀後期《ちゅうせいだいはくあきこうき》

**武器《ぶき》** 滑空《かっくう》・クチバシ

**環境《かんきょう》** 空中《くうちゅう》

レジェンド

**恐竜《きょうりゅう》・古生物軍《こせいぶつぐん》**

**戦力分析《せんりょくぶんせき》**

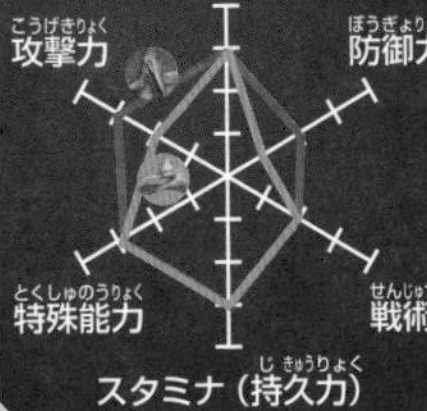


**翼《つばさ》**を広《ひろ》げると12m《メートル》もの大《おお》きさになる地球史《ちきゅうし》上最大《じょうさいだい》の飛《ひ》しょう生物《せいぶつ》で、その巨体《きょたい》にもかかわらず、時速《じそく》50km《キロメートル》ほどの高速移動《こうそくいどう》をしていたと考《かんが》えられている。頭《あたま》には、長《なが》さ3ｍ《メートル》にもおよぶ巨大《きょだい》なクチバシがあり、それをふり回《まわ》すことで強力《きょうりょく》な武器《ぶき》となる。

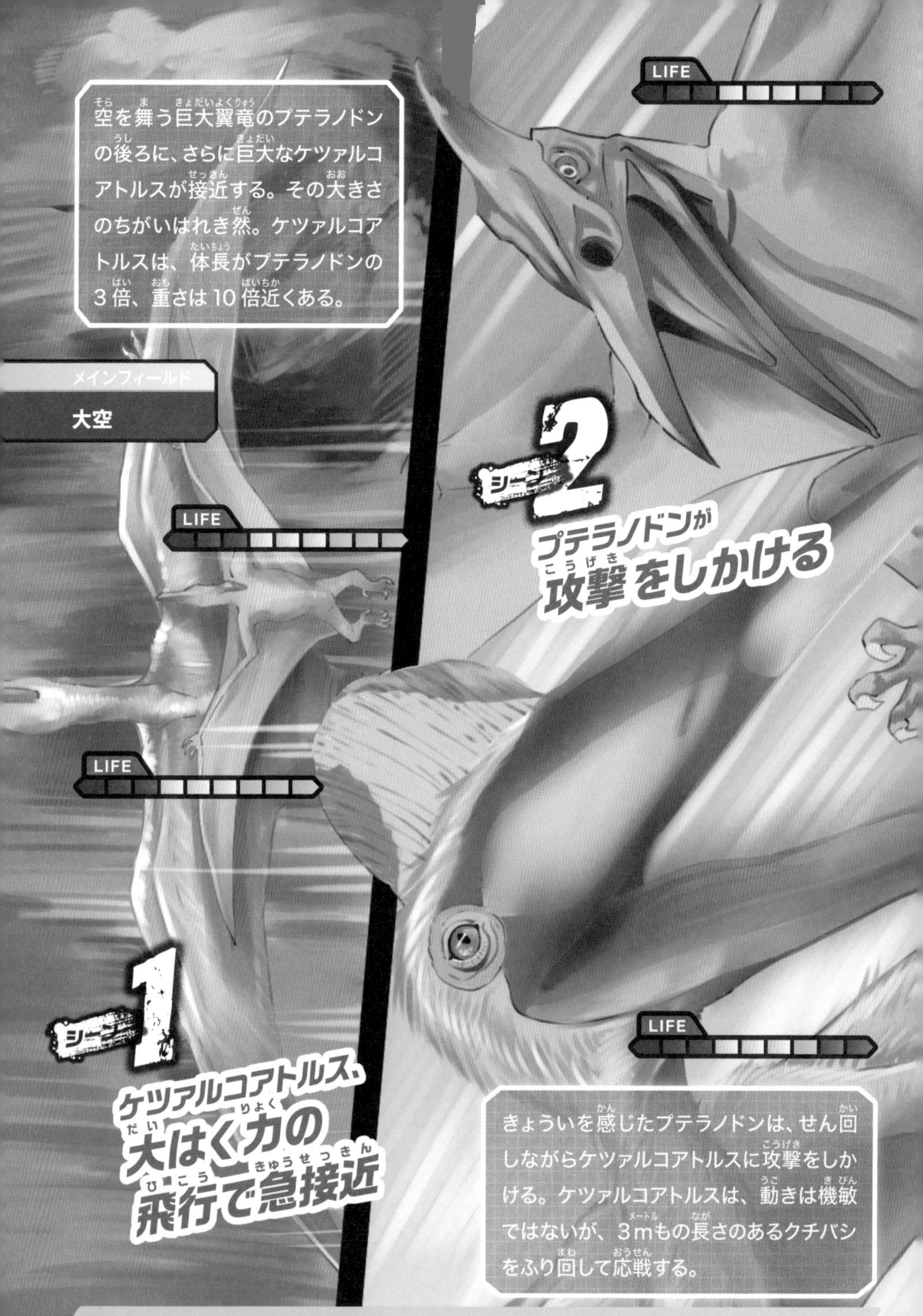


空《そら》を舞《ま》う巨大翼竜《きょだいよくりゅう》のプテラノドンの後《うし》ろに、さらに巨大《きょだい》なケツァルコアトルスが接近《せっきん》する。その大《おお》きさのちがいはれき然《ぜん》。ケツァルコアトルスは、体長《たいちょう》がプテラノドンの3倍《ばい》、重《おも》さは10倍近《ばいちか》くある。

メインフィールド

**大空**

## シーン1

## ケツァルコアトルス、大《だい》はく力《りょく》の飛行《ひこう》で急接近《きゅうせっきん》

## シーン2

## プテラノドンが攻撃《こうげき》をしかける

きょういを感《かん》じたプテラノドンは、せん回《かい》しながらケツァルコアトルスに攻撃《こうげき》をしかける。ケツァルコアトルスは、動《うご》きは機敏《きびん》ではないが、3m《メートル》もの長《なが》さのあるクチバシをふり回《まわ》して応戦《おうせん》する。

スタート

荒野《こうや》　草原《そうげん》

## シーン3

## 2匹《ひき》の翼竜《よくりゅう》を大量《たいりょう》の噴石《ふんせき》がおそう

火山《かざん》の噴火《ふんか》が激《はげ》しくなり、たくさんの噴石《ふんせき》が降《ふ》ってくる。プテラノドンは間一《かんいっ》ぱつでかわしていく。翼面積《よくめんせき》が大《おお》きいケツァルコアトルスはよけきることができず、翼《つばさ》に次《つぎ》つぎと噴石《ふんせき》を受《う》けつい落《らく》してしまった。

### バトル結果《けっか》

ケツァルコアトルスは、その大《おお》きさがあだとなって、噴石《ふんせき》によって、つい落《らく》してしまった。世紀《せいき》の翼竜対《よくりゅうたい》決《けつ》は、機動力《きどうりょく》で勝《まさ》ったプテラノドンが制《せい》した。

# 侍《さむらい》の日本刀《にほんとう》

勇《いさ》ましき日本《にほん》の国鳥《こくちょう》

## ニホンキジ

DATA

分類《ぶんるい》 鳥類《ちょうるい》・キジ目《もく》キジ科《か》
分布《ぶんぷ》 日本《にほん》
年代《ねんだい》 現代《げんだい》
武器《ぶき》 クチバシ・足《あし》

環境《かんきょう》
陸《りく》&空《くう》

危険生物軍《きけんせいぶつぐん》

ばつ群《ぐん》の戦《せん》とうスキルをほこるキジ。第《だい》1レースでアーケオプテリクス、第《だい》2レースでランフォリンクスといったライバルを次《つぎ》つぎとたおしてきた。シードのレジェンド生物《せいぶつ》とあたる第《だい》3レースは、鳥類最速《ちょうるいさいそく》ハヤブサとの対決《たいけつ》だ。

時速《じそく》 20km《キロメートル》（しっ走《そう》）・35km《キロメートル》(飛行《ひこう》)
体長《たいちょう》 80cm《センチメートル》／体重《たいじゅう》 1kg《キログラム》／雑食《ざっしょく》

時速《じそく》 120km《キロメートル》(水平飛行《すいへいひこう》)・390km《キロメートル》(急降下《きゅうこうか》)
体長《たいちょう》 45cm《センチメートル》（翼長《よくちょう》120cm《センチメートル》）／体重《たいじゅう》 1.3kg《キログラム》／肉食《にくしょく》

# VS.忍《しの》びの弓矢《ゆみや》

START!

鳥類最速《ちょうるいさいそく》ハンター

## ハヤブサ

DATA

分類《ぶんるい》 鳥類《ちょうるい》・ハヤブサ目《もく》ハヤブサ科《か》

分布《ぶんぷ》 ユーラシア大陸《たいりく》、北《きた》アメリカ、オーストラリア

年代《ねんだい》 現代《げんだい》

武器《ぶき》 体当《たいあ》たり

環境《かんきょう》 空中《くうちゅう》

戦力分析《せんりょくぶんせき》

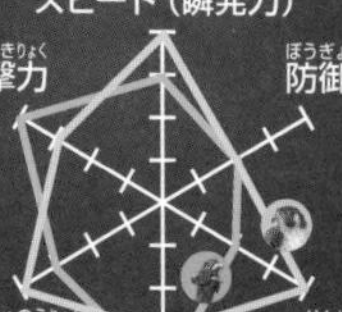


レジェンド

危険生物軍《きけんせいぶつぐん》

高《たか》い飛行能力《ひこうのうりょく》を持《も》ち、時速《じそく》390km《キロメートル》で急降《きゅうこう》下《か》しながら体当《たいあ》たりをして、獲物《えもの》を気絶《きぜつ》させてつかまえる、鳥類最速《ちょうるいさいそく》のハンターだ。眼《め》の下《した》にある黒《くろ》い涙《なみだ》のような模様《もよう》は、光《ひかり》の反射《はんしゃ》を軽減《けいげん》してねらった獲物《えもの》にピントを合《あ》わせやすくするための機能《きのう》だ。

## シーン1 ニホンキジ、苦手《にがて》な飛行《ひこう》で湖《みずうみ》を越《こ》える

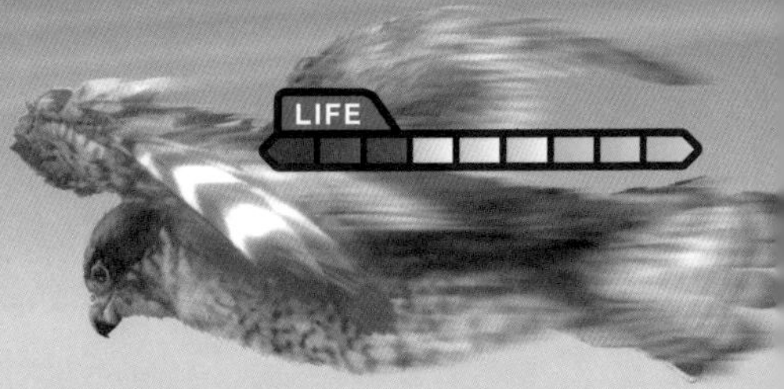

ニホンキジは、湖《みずうみ》の上空《じょうくう》にさしかかり、ゆっくりと飛行《ひこう》している。キジは飛《と》ぶのはそれほど得意《とくい》ではない。それを、ハヤブサが待《ま》ちぶせしていた。

メインフィールド
大空《おおぞら》

## シーン2 ハヤブサが太陽《たいよう》を背《せ》にして奇《き》しゅう攻撃《こうげき》！

ハヤブサは高《たか》く浮上《ふじょう》し、太陽《たいよう》を背《せ》にして、一気《いっき》に急降下《きゅうこうか》してとっ進《しん》してくる。飛行中《ひこうちゅう》のキジは攻撃《こうげき》に気《き》づくが、太陽光《たいようこう》のまぶしさで、上手《うま》く対応《たいおう》できない。

スタート　湖《みずうみ》　林《はやし》

## シーン3 ニホンキジは敵《てき》の素早《すばや》い攻撃《こうげき》に…

敵《てき》の攻撃《こうげき》をよけきれなかったキジは、体当《たいあ》たりされて失神《しっしん》して、川《かわ》の岸辺《きしべ》につい落《らく》。肉食《にくしょく》のハヤブサは、ニホンキジを食《た》べてエネルギー補《ほ》給《きゅう》した後《あと》、ゆうゆうと先《さき》へ進《すす》む。

LIFE

**Winner!**

勝者《しょうしゃ》 危険生物軍《きけんせいぶつぐん》 ハヤブサ

### バトル結果《けっか》

ハヤブサに、弱点《じゃくてん》の飛行中《ひこうちゅう》をねらわれてしまったニホンキジ。ニホンキジの得意《とくい》の格闘《かくとう》に持《も》ちこむことができず、戦《せん》とうする間《ま》もなく、相手《あいて》のたくみな戦術《せんじゅつ》の前《まえ》に敗《やぶ》れ去《さ》った。

LIFE

TIME 2分《ふん》12秒《びょう》

空《そら》の絶対王者《ぜったいおうじゃ》

# イヌワシ

**DATA**

**分類《ぶんるい》** 鳥類《ちょうるい》・タカ目《もく》タカ科《か》
**分布《ぶんぷ》** 北半球《きたはんきゅう》の山岳地帯《さんがくちたい》
**年代《ねんだい》** 現代《げんだい》
**武器《ぶき》** あく力《りょく》・急降下《きゅうこうか》

**環境《かんきょう》**
空中《くうちゅう》

# 空《そら》の覇者《はしゃ》

**危険生物軍《きけんせいぶつぐん》**

第《だい》1《い》レースで肉食獣《にくしょくじゅう》ティラコスミルスを下《くだ》し、第《だい》2レースで滑空《かっくう》を得意《とくい》とするボラティコテリウムとの決戦《けっせん》を制《せい》したイヌワシ。第《だい》3レースの相手《あいて》は、強大《きょうだい》なパワーをほこる恐竜王《きょうりゅうおう》・ティラノサウルスで、これまでで最《もっと》も手《て》ごわい相《あい》手《て》だ。

**時速《じそく》** 120km《キロメートル》(飛行《ひこう》)
**体長《たいちょう》** 120cm《センチメートル》（翼長《よくちょう》220cm《センチメートル》）／**体重《たいじゅう》** 5kg《キログラム》
**肉食《にくしょく》**

**時速《じそく》** 40km《キロメートル》(しっ走《そう》)
**体長《たいちょう》** 13m《メートル》／**体重《たいじゅう》** 9t《トン》／**肉食《にくしょく》**

**DATA**

**分類**《ぶんるい》 は虫類《ちゅうるい》・竜盤目《りゅうばんもく》

ティラノサウルス科《か》

**分布**《ぶんぶ》 北《きた》アメリカ

**年代**《ねんだい》 中生代《ちゅうせいだい》・ジュラ紀後期《きこうき》

**武器**《ぶき》 牙《きば》

**環境**《かんきょう》 陸地《りくち》

## 最強肉食恐竜《さいきょうにくしょくきょうりゅう》

# ティラノサウルス

# VS.恐竜王《きょうりゅうおう》

**恐竜**《きょうりゅう》**・古生物軍**《こせいぶつぐん》

**戦力分析**《せんりょくぶんせき》

巨《きょ》大《だい》な頭《あたま》を持《も》ち、2本《ほん》の太《ふと》い後《うし》ろ足《あし》で移動《いどう》する最強《さいきょう》の肉食恐竜《にくしょくきょうりゅう》。長時間《ちょうじかん》動《うご》くことは苦手《にがて》だが、ねらった獲物《えもの》はしゅう念深《ねんぶか》く追《お》っていく。強《きょう》じんなあごと大《おお》きなキバは、獲物《えもの》の骨《ほね》までくだく、おそるべきパワーを持《も》っている。

## シーン1 ティラノサウルスが激《はげ》しく攻撃《こうげき》をしかける

イヌワシが、ティラノサウルスのそばを飛《と》びまわり、挑発《ちょうはつ》する。イラついたティラノサウルスは、イヌワシを追《お》っていく。

メインフィールド

泥炭地《でいたんち》（沼《ぬま》）

空中《くうちゅう》を動《うご》き回《まわ》るイヌワシを、ティラノサウルスはかみつこうと攻撃《こうげき》する。しかし、間一《かんいっ》ぱつで、イヌワシが攻撃《こうげき》をかわす。

## シーン2 イヌワシ、素早《すばや》く飛《と》び回《まわ》り、攻撃《こうげき》をかわす

スタート

草原《そうげん》 泥炭地《でいたんち》 草原《そうげん》

イヌワシの空《そら》からの攻撃《こうげき》に気《き》を取《と》られていたティラノサウルス。気《き》が付《つ》くと底《そこ》なし沼《ぬま》にハマって足《あし》がぬけなくなってしまった！　どんどんしずんでいくティラノサウルス。イヌワシはその場《ば》を立《た》ち去《さ》り、先《さき》を急《いそ》ぐ。

## シーン3 ティラノサウルス、イヌワシのワナにはまる

## Winner!

勝《しょう》者《しゃ》　危険生物軍《きけんせいぶつぐん》　イヌワシ

TIME
16分《ふん》58秒《びょう》

### バトル結果《けっか》

知能《ちのう》の高《たか》いイヌワシは、まともに戦《たたか》っても勝《か》ち目《め》のないティラノサウルスを前《まえ》にして、勇気《ゆうき》と策略《さくりゃく》で挑《いど》んだ。相手《あいて》の注意《ちゅうい》を上空《じょうくう》にそらしている間《あいだ》に、底《そこ》なし沼《ぬま》にはめるという見事《みごと》なワナで、勝利《しょうり》をつかみ取《と》った。

START!

# 古代《こだい》の怪力王《かいりきおう》

## ウマ面《づら》をしたサイの祖先《そせん》

# モロプス

DATA

**分類《ぶんるい》** ほ乳類《にゅうるい》・奇蹄目《きていもく》
カリコテリウム科《か》

**分布《ぶんぷ》** 北《きた》アメリカ・ヨーロッパ

**年代《ねんだい》** 新生代《しんせいだい》

**武器《ぶき》** カギヅメ

**環境《かんきょう》** 陸地《りくち》

**恐竜《きょうりゅう》・古生物軍《こせいぶつぐん》**

**時速《じそく》** 20km《キロメートル》
**体長《たいちょう》** 2.4m《メートル》／**体重《たいじゅう》** 不明《ふめい》／**植物食《しょくぶつしょく》**

第《だい》1レースでは、砂《さ》ばくのスピードスター・オオミチバシリに、第《だい》2レースでは森《もり》の滑空《かっくう》王《おう》ヒヨケザルに、巨大《きょだい》な身体《からだ》とパワーを活《い》かして勝利《しょうり》した。第《だい》3レースの相手《あいて》は、シードわくのレジェンド生物《せいぶつ》、かしこくて素早《すばや》い、霊長類最速《れいちょうるいさいそく》のサルにいどむ。

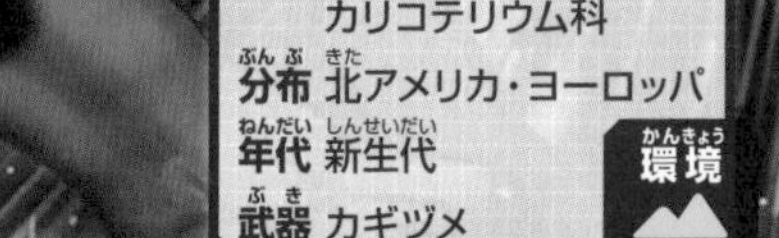

**時速《じそく》** 55km《キロメートル》
**体長《たいちょう》** 75cm《センチメートル》／**体重《たいじゅう》** 12kg《キログラム》／**雑食《ざっしょく》**

# VS.草原《そうげん》のしゅん足王《そくおう》

## 霊長類最速《れいちょうるいさいそく》のスプリンター

# パタスモンキー

DATA

分類《ぶんるい》 ほ乳類《にゅうるい》・霊長目《れいちょうもく》
　　　オナガザル科《か》

分布《ぶんぷ》 アフリカのサバンナ

年代《ねんだい》 現代《げんだい》

武器《ぶき》 キバ・しゅん足《そく》

環境《かんきょう》 陸地《りくち》

戦力分析《せんりょくぶんせき》

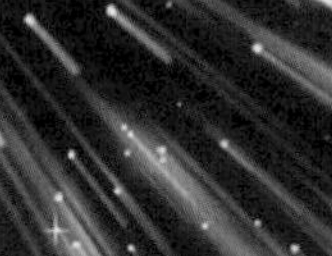


危険生物軍《きけんせいぶつぐん》

レジェンド

アフリカのサバンナに生息《せいそく》するサルで、オスは巨大《きょだい》なキバを持《も》っている。スタイリッシュな胴《どう》のフォルムと長《なが》い足《あし》、バランスをとる長《なが》い尾《お》を持《も》ち、高速移動《こうそくいどう》に適《てき》した体《からだ》つきをしている。最高速度《さいこうそくど》時速《じそく》55km《キロメートル》で走《はし》ることができる、霊長類最速《れいちょうるいさいそく》のスプリンターだ。

## シーン1 2匹《ひき》が平原《へいげん》でデッドヒート

体《からだ》の大《おお》きなモロプスは、ときおり体当《たいあ》たりで攻撃《こうげき》をしかける。パタスモンキーは、軽《かる》がるとそれをかわしながら、軽快《けいかい》に走《はし》り続《つづ》ける。

## シーン2 がけにつきあたり、先《さき》へ進《すす》めなくなる

荒《あ》れ地《ち》を快走《かいそう》するモロプス、その後《あと》に続《つづ》く、パタスモンキー。とつ然《ぜん》、２匹《ひき》が足《あし》を止《と》める。目《め》の前《まえ》にがけがあらわれ、それ以上先《いじょうさき》に進《すす》めなくなってしまった。

スタート　草原《そうげん》　荒野《こうや》　岩《いわ》かべ

## シーン3 パタスモンキー、霊長類《れいちょうるい》の特技《とくぎ》を活《い》かす

パタスモンキーは、意《い》を決《けっ》して、がけにくらいつき、すいすいと登《のぼ》っていく。モロプスは重《おも》い体《からだ》がネックとなり、なかなか登《のぼ》ることができない。圧《あっ》とう的《てき》な大差《たいさ》をつけてパタスモンキーが勝利《しょうり》。

### バトル結果《けっか》

TIME 24分《ふん》18秒《びょう》

前半《ぜんはん》、パタスモンキーは、あえてペースをゆるめて走《はし》った。そのねらいは、体《からだ》の大《おお》きなモロプスをかべにして、空気《くうき》ていこうをうけることなく走《はし》り、体力《たいりょく》を温存《おんぞん》するため。がけから先《さき》は、パタスモンキーが一気《いっき》に引《ひ》きはなし、圧勝《あっしょう》という結果《けっか》になった。

Race 32
第3レース

# START!

# 小《ちい》さな2本角《ほんづの》vs.

## 2本《ほん》のツノを持《も》つネズミ
## エピガウルス

**DATA**

**分類《ぶんるい》** ほ乳類《にゅうるい》・齧歯目《げっしもく》
ミラガウルス科《か》
**分布《ぶんぷ》** アメリカ大陸《たいりく》
**年代《ねんだい》** 新生代《しんせいだい》
**武器《ぶき》** ツノ

**環境《かんきょう》**
陸地《りくち》

**恐竜《きょうりゅう》・古生物軍《こせいぶつぐん》**

第《だい》1レースでは空《そら》飛《と》ぶクモに快勝《かいしょう》した。第《だい》2レースでは強敵《きょうてき》の毒恐竜《どくきょうりゅう》シノルニトサウルスを相手《あいて》に、2本《ほん》のツノを活《い》かした大《だい》たんな作戦《さくせん》で勝利《しょうり》した。第《だい》3レースの相手《あいて》は、史上最大《しじょうさいだい》の鳥《とり》・モアが相手《あいて》だ。

**時速《じそく》** 4km《キロメートル》
**体長《たいちょう》** 40cm《センチメートル》／**体重《たいじゅう》** 2kg《キログラム》／**植物食《しょくぶつしょく》**

**時速《じそく》** 50km《キロメートル》(しっ走《そう》)
**体長《たいちょう》** 4m《メートル》／**体重《たいじゅう》** 300kg《キログラム》／**植物食《しょくぶつしょく》**

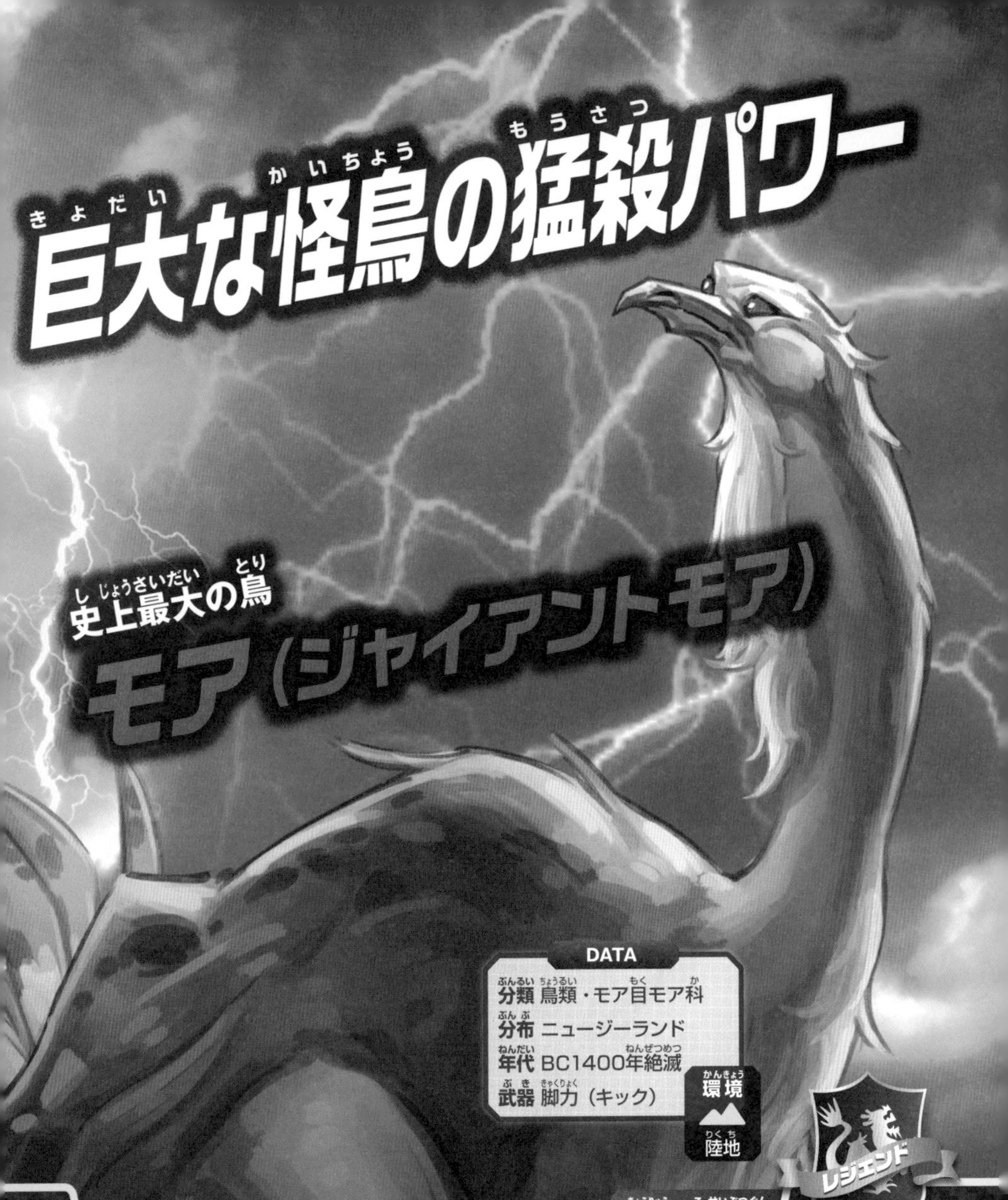

# 巨大《きょだい》な怪鳥《かいちょう》の猛殺《もうさつ》パワー

史上最大《しじょうさいだい》の鳥《とり》

## モア（ジャイアントモア）

**DATA**

**分類《ぶんるい》** 鳥類《ちょうるい》・モア目《もく》モア科《か》
**分布《ぶんぷ》** ニュージーランド
**年代《ねんだい》** BC1400年絶滅《ねんぜつめつ》
**武器《ぶき》** 脚力《きゃくりょく》（キック）

**環境《かんきょう》**
陸地《りくち》

レジェンド

**恐竜《きょうりゅう》・古生物軍《こせいぶつぐん》**

**戦力分析《せんりょくぶんせき》**

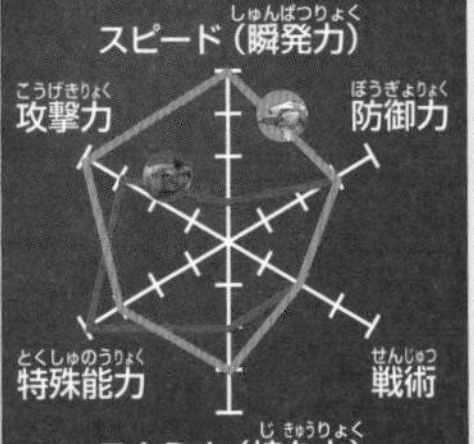


かつてニュージーランドの森林《しんりん》に生息《せいそく》していた、史上最大《しじょうさいだい》の鳥《とり》。オスよりもメスの方《ほう》が体《からだ》が大《おお》きく、最大《さいだい》のものは4 m《メートル》に達《たっ》した。その体《からだ》の大《おお》きさのため、空《そら》を飛《と》ぶことはできなかったが、発達《はったつ》した足《あし》で高速《こうそく》で走《はし》ることができた。

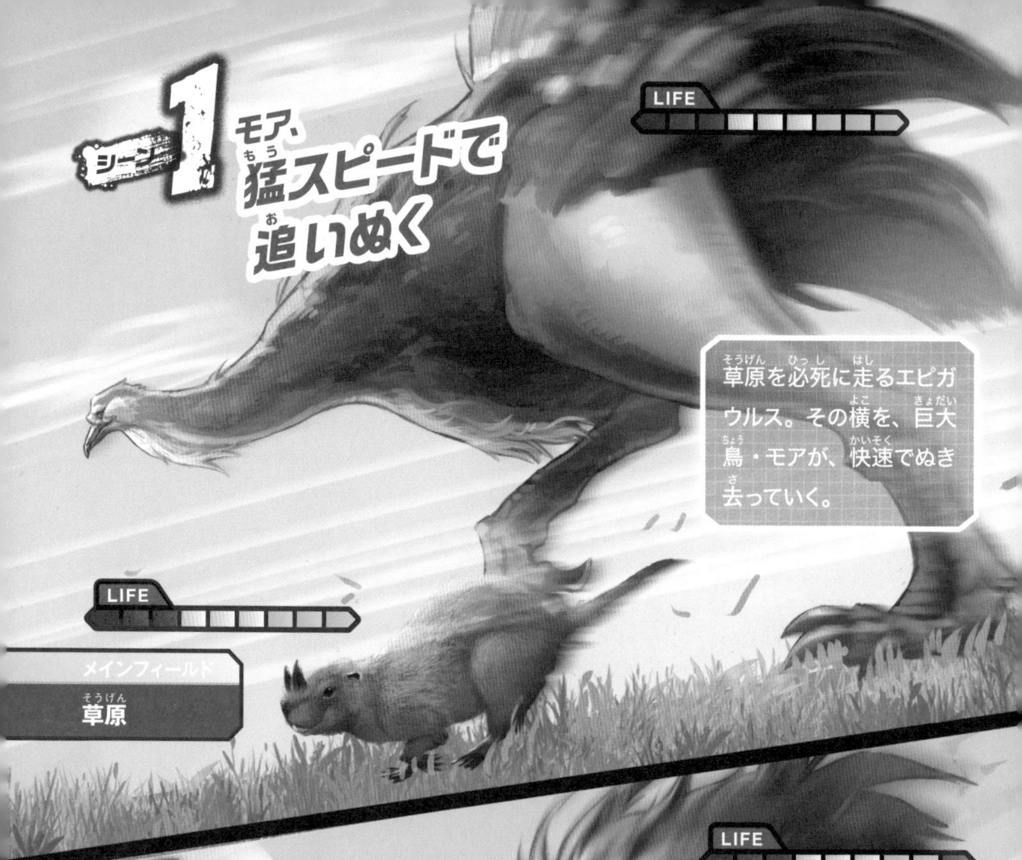


## シーン1
## モア、猛《もう》スピードで追《お》いぬく

草原《そうげん》を必死《ひっし》に走《はし》るエピガウルス。その横《よこ》を、巨大《きょだい》鳥《ちょう》・モアが、快速《かいそく》でぬき去《さ》っていく。

メインフィールド
草原《そうげん》

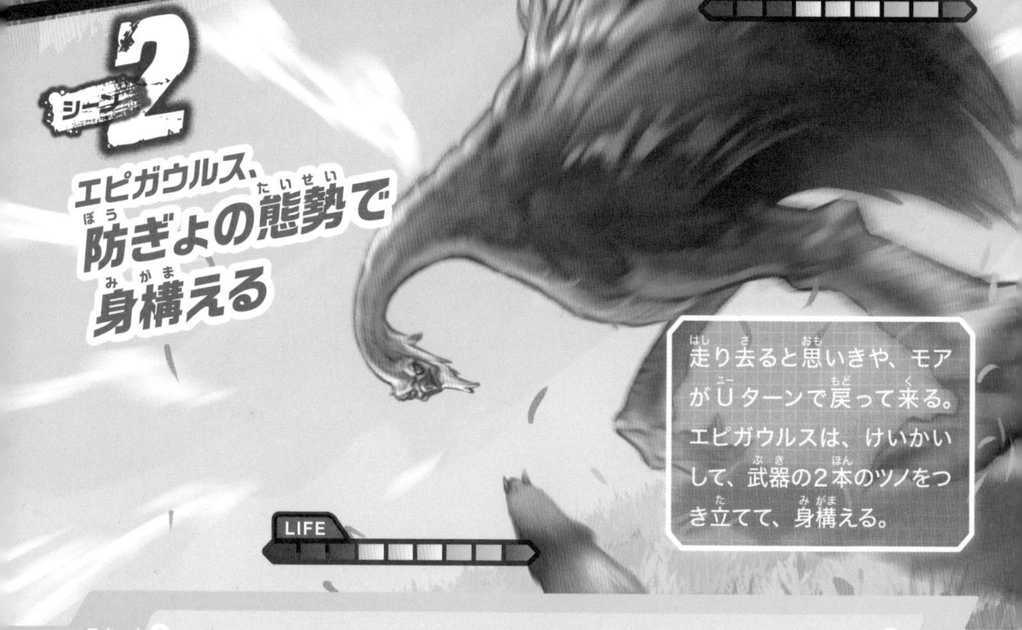


## シーン2
## エピガウルス、防《ぼう》ぎょの態勢《たいせい》で身構《みかま》える

走《はし》り去《さ》ると思《おも》いきや、モアがU《ユー》ターンで戻《もど》って来《く》る。エピガウルスは、けいかいして、武器《ぶき》の2本《ほん》のツノをつき立《た》てて、身構《みがま》える。

スタート
草原《そうげん》

## シーン3 モア、一口《ひとくち》で瞬殺《しゅんさつ》

モアは長《なが》い首《くび》を曲《ま》げて、エピガウルスを一口《ひとくち》でのみこんでしまった。モアは、何事《なにごと》もなかったかのように、またしっ走《そう》を続《つづ》ける。

**Winner!**

勝者《しょうしゃ》 恐竜《きょうりゅう》・古生物軍《こせいぶつぐん》 モア

### バトル結果《けっか》

一度《いちど》は通《とお》り過《す》ぎたものの、何《なん》となく小腹《こばら》がすいたのか、まいもどって来《き》たモアは、エピガウルスをひとのみにしてしまった。植物食《しょくぶつしょく》の鳥類《ちょうるい》であっても、小動物《しょうどうぶつ》などを丸《まる》のみにして食《た》べてしまうことがあるのだ。

TIME 18分《ふん》49秒《びょう》

# エキシビジョン Exhibition 03

# 空中騎馬戦《くうちゅうきばせん》（同種対決《どうしゅたいけつ》）

ハーストイーグル同士《どうし》の1対《たい》1の空中戦《くうちゅうせん》！ 失速《しっそく》して地面《じめん》につい落《らく》したり、騎手《きしゅ》が落《お》とされたりした方《ほう》が負《ま》けとなる。予選《よせん》を勝《か》ちぬいた、忍者《にんじゃ》とマオリ族《ぞく》の戦士《し》の決勝戦《けっしょうせん》の対決《たいけつ》だ。

**武器《ぶき》** 足《あし》（あく力《りょく》）・クチバシ
**時速《じそく》** 100km《キロメートル》（水平飛行《すいへいひこう》）
**体長《たいちょう》** 1.5m《メートル》（翼幅《よくはば》3m《メートル》）／**体重《たいじゅう》** 10kg《キログラム》
**食性《しょくせい》** 肉食《にくしょく》

**環境《かんきょう》**
空中《くうちゅう》

**ハーストイーグル**
**分類《ぶんるい》** タカ目《もく》タカ科《か》
**分布《ぶんぷ》** ニュージーランド
**年代《ねんだい》** BC1500年絶滅《ねんぜつめつ》

## シーン1

ハーストイーグルをあやつりながら、忍者《にんじゃ》が手裏剣《しゅりけん》を投《な》げ続《つづ》ける。マオリ族《ぞく》の戦士《せんし》があやつるハーストイーグルは、たくみによけ、タイアハ（やり）で打《う》ちはらいながら接近《せっきん》し、巨大《きょだい》な翼《つばさ》で相手《あいて》をたたきつける。

## シーン2

マオリ族《ぞく》のハーストイーグルは、さらにたたみかけるように、キックをくらわせる。忍者《にんじゃ》のハーストイーグルも、負《ま》けじと応《おう》戦《せん》し、キックを返《かえ》す。

## シーン3

おたがいに相手《あいて》をワシづかみにし、キリモミしながら落《お》ちていく。地面《じめん》すれすれで、マオリ族《ぞく》のハーストイーグルが浮上《ふじょう》！　忍者《にんじゃ》のハーストイーグルは、そのままつい落《らく》し、忍者《にんじゃ》も投《な》げ出《だ》されてしまった。

### バトル結果《けっか》

**ハーストイーグルの持《も》ち味《あじ》を最大限《さいだいげん》に引《ひ》き出《だ》した、マオリ族《ぞく》が勝利《しょうり》をつかんだ。ハーストイーグルの生息地《せいそくち》であるニュージーランドのマオリ族《ぞく》が、調教《ちょうきょう》においても、乗《の》りこなす技術《ぎじゅつ》においても一枚上手《いちまいうわて》だった。**

COLUMN コラム 04

## 陸《りく》・海《かい》・空《くう》の中《なか》で一番《いちばん》は？

# 地球史上最速《ちきゅうしじょうさいそく》の生物《せいぶつ》

### 陸上《りくじょう》や水中《すいちゅう》の限界速度《げんかいそくど》は時速《じそく》100km《キロメートル》くらい

陸上《りくじょう》で速《はや》く走《はし》るには、強力《きょうりょく》な筋肉《きんにく》が必要《ひつよう》になりますが、筋肉《きんにく》が多《おお》くなると体重《たいじゅう》も重《おも》くなるので、陸《りく》では限界《げんかい》スピードがあります。地上最速《ちじょうさいそく》のチーターで時速《じそく》120km《キロメートル》。それも数十秒間《すうじゅうびょうかん》だけ。海《うみ》ではバショウカジキが瞬間的《しゅんかんてき》に時速《じそく》100km《キロメートル》を出《だ》します。しかし通常《つうじょう》は人《にん》間《げん》の歩《ある》くスピード程《ほど》で、ゆっくり泳《およ》いでいます。水《みず》の抵抗《ていこう》が大《おお》きいので、水中《すいちゅう》で高速移動《こうそくいどう》するのは大変《たいへん》なのです。

陸上最速《りくじょうさいそく》のチーター。

水中最速《すいちゅうさいそく》のバショウカジキ。

### 空中《くうちゅう》での最高速度《さいこうそくど》は時速《じそく》390km《キロメートル》！

空《そら》ではハリオアマツバメが、羽《は》ばたいた水平飛行《すいへいひこう》では時速《じそく》170km《キロメートル》出《だ》すことが知《し》られていますが、もっと速《はや》い鳥《とり》がいます。ハヤブサです。

水平飛行最速《すいへいひこうさいそく》であるハリオアマツバメ。

降下速度最速《こうかそくどさいそく》をほこるハヤブサ。

ハヤブサは高《たか》い上空《じょうくう》から急降下《きゅうこうか》して時速《じそく》390km《キロメートル》ほどの速度《そくど》を出《だ》すことができます。ただ落下《らっか》しただけでは、こんな戦闘機《せんとうき》なみのスピードは出《で》ません。最速《さいそく》で急降下《きゅうこうか》するときには、空気抵《くうきてい》抗《こう》がなくなるように翼《つばさ》をたたみ、弾丸《だんがん》のような流線型《りゅうせんけい》の形《かたち》になります。高速《こうそく》の風圧《ふうあつ》でも、眼《め》がつぶれないような特《とく》しゅ化《か》など、体《からだ》のパーツもさまざまに進化《しんか》したのです。このようにして、驚異《きょうい》のスピードを生《う》み出《だ》し、空《そら》を飛《と》んでいる鳥《とり》をおそうのです。おそらく、地球《ちきゅう》史上最高速度《しじょうさいこうそくど》を出《だ》せる生物《せいぶつ》のひとつと言《い》えるでしょう。

# Race《レース》

# 33 → 36

# 準々決勝《じゅんじゅんけっしょう》

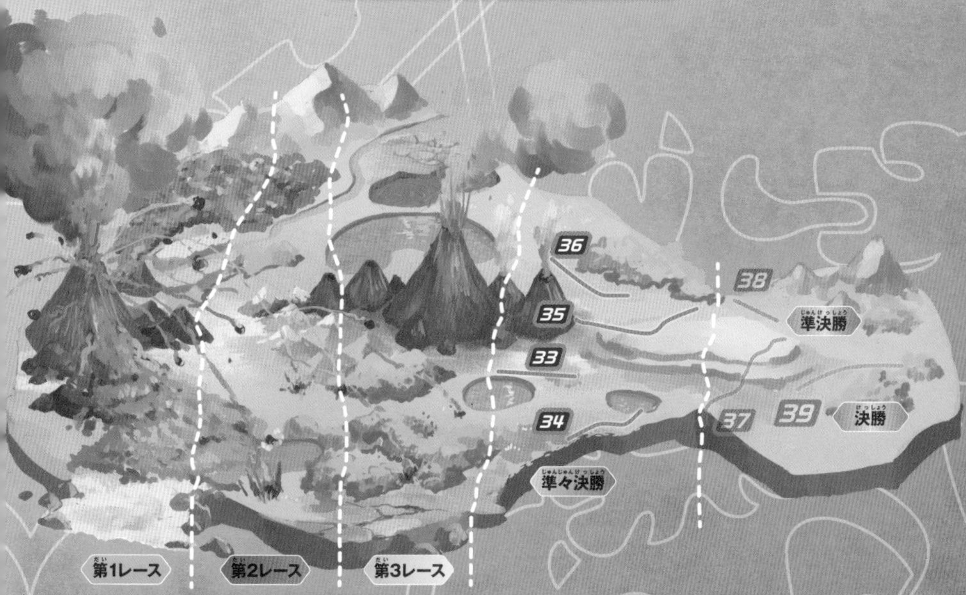


ついに中央《ちゅうおう》の山脈《さんみゃく》でも、火山《かざん》が噴火《ふんか》した。中央火山《ちゅうおうかざん》のふもとにいる生物《せいぶつ》たちは、大変危険《たいへんきけん》な状態《じょうたい》にある。ライバルたちとしのぎをけずりながら、噴火《ふんか》の被害《ひがい》がおよばない、東《ひがし》へ急《いそ》ぐ。

# 爆殺《ばくさつ》・切《き》り裂《さ》きキック VS.最恐《さいきょう》しめ殺《ころ》しアタック

START!

地球史上最大《ちきゅうしじょうさいだい》の猛《もう》きん類《るい》
## ハーストイーグル

世界一《せかいいち》きょう暴《ぼう》な鳥《とり》
## ヒクイドリ

**DATA**

**分類《ぶんるい》** 鳥類《ちょうるい》・ダチョウ目《もく》ヒクイドリ科《か》
**分布《ぶんぷ》** インドネシア、ニューギニア、オーストラリア
**年代《ねんだい》** 現代《げんだい》
**武器《ぶき》** クチバシ、キック
**環境《かんきょう》** 陸地《りくち》

**DATA**

**分類《ぶんるい》** 鳥類《ちょうるい》・タカ目《もく》タカ科《か》
**分布《ぶんぷ》** ニュージーランド
**年代《ねんだい》** BC1500年絶滅《ねんぜつめつ》
**武器《ぶき》** あく力《りょく》
**環境《かんきょう》** 空中《くうちゅう》

### 危険生物軍《きけんせいぶつぐん》

前回《ぜんかい》のレースでオビラプトロサウルスを撃破《げきは》したヒクイドリ。特技《とくぎ》の強《きょう》れつなけりだけでなく、その足先《あしさき》についた刃物《はもの》のような爪《つめ》の切《き》りさく力《ちから》も強力《きょうりょく》だ。今回《こんかい》は、史上最大《しじょうさいだい》の猛《もう》きん類《るい》・ハーストイーグルにいどむ。

**時速《じそく》** 50km《キロメートル》(しっ走《そう》)
**体長《たいちょう》** 2m《メートル》／**体重《たいじゅう》** 90kg《キログラム》
**植物食《しょくぶつしょく》**

### 戦力分析《せんりょくぶんせき》

### 恐竜《きょうりゅう》・古生物軍《こせいぶつぐん》

同《おな》じ時代《じだい》に生《い》きていた、自分《じぶん》の10倍以上《ばいいじょう》の大《おお》きさがある鳥類《ちょうるい》・モアさえも捕食《ほしょく》していた最強《さいきょう》ハンター。次《つぎ》なる相手《あいて》は、気性《きしょう》が荒《あら》く、現生生物《げんせいせいぶつ》で最恐《さいきょう》といわれるヒクイドリだ。最強《さいきょう》と最《さい》恐《きょう》の世紀《せいき》の一戦《いっせん》だ。

**時速《じそく》** 120km《キロメートル》(水平飛行《すいへいひこう》)
**翼長《よくちょう》** 3m《メートル》／**体重《たいじゅう》** 10kg《キログラム》
**肉食《にくしょく》**

草原《そうげん》を走《はし》るヒクイドリに、ハーストイーグルがおそいかかろうとねらいをつける。ヒクイドリは、間一《かんいっ》ぱつ、森《もり》に逃《に》げこむ。

## シーン1 ヒクイドリはおそわれる前《まえ》に森《もり》に逃《に》げこむ

メインフィールド
森《もり》

## シーン2 ハーストイーグルは森《もり》を恐《おそ》れずつき進《すす》む

ハーストイーグルは、獲《え》物《もの》をもとめて、林《はやし》の中《なか》を追《お》って来《く》る。もうれつな勢《いきお》いで、ヒクイドリにせまる。

スタート
草原《そうげん》
森《もり》

# シーン 3

## ヒクイドリが必殺《ひっさつ》のキックでしとめる

**Winner!**

勝者《しょうしゃ》 危険生物軍《きけんせいぶつぐん》 ヒクイドリ

ところが、大《おお》きなつばさが木《き》の枝《えだ》やツタに引《ひ》っかかり、ハーストイーグルは身動《みうご》きできなくなってしまう。そこをヒクイドリが強《きょう》れつな切《き》りさくキックでトドメを刺《さ》した。

### バトル結果《けっか》

ハーストイーグルは、危険《きけん》をかえりみず深追《ふかお》いし過《す》ぎて、ぼけつをほる形《かたち》になった。自分《じぶん》のフィールドで、有利《ゆうり》な展開《てんかい》にもっていったヒクイドリの勝利《しょうり》。

TIME
22分《ふん》39秒《びょう》

# 水《みず》も陸《りく》も速《はや》い猛者《もさ》 vs. 必殺低空飛行《ひっさつていくうひこう》の使《つか》い手《て》

DATA
分類《ぶんるい》 ほ乳類《にゅうるい》・偶蹄目《ぐうていもく》シカ科《か》
分布《ぶんぷ》 東南《とうなん》アジア
年代《ねんだい》 現代《げんだい》
武器《ぶき》 キバ・せん水《すい》
環境《かんきょう》 陸《りく》＆水《すい》

水陸両用《すいりくりょうよう》のシカ
## スイロク（サンバー）

DATA
分類《ぶんるい》 は虫類《ちゅうるい》・翼竜目《よくりゅうもく》 プテラノドン科《か》
分布《ぶんぷ》 アメリカ・日本《にほん》
年代《ねんだい》 中生代白亜紀後期《ちゅうせいだいはくあきこうき》
武器《ぶき》 滑空《かっくう》・羽《はね》
環境《かんきょう》 空中《くうちゅう》

大《おお》きなクチバシを持《も》つ巨大翼竜《きょだいよくりゅう》
## プテラノドン

### 危険生物軍《きけんせいぶつぐん》

これまで、水中《すいちゅう》が得意《とくい》なメソニクス、空《そら》を飛《と》ぶチスイコウモリ、陸上最速《りくじょうさいそく》のチーターと、それぞれの環境《かんきょう》に適応《てきおう》した強敵《きょうてき》をたおしてきた。水陸《すいりく》に適応《てきおう》した、安定《あんてい》した機動力《きどうりょく》を武器《ぶき》に、勝利《しょうり》を目指《めざ》す。

時速《じそく》 50km《キロメートル》(しっ走《そう》)・3km《キロメートル》(潜水《せんすい》)
体長《たいちょう》 2m《メートル》／体重《たいじゅう》 180kg《キログラム》
植物食《しょくぶつしょく》

### 戦力分析《せんりょくぶんせき》

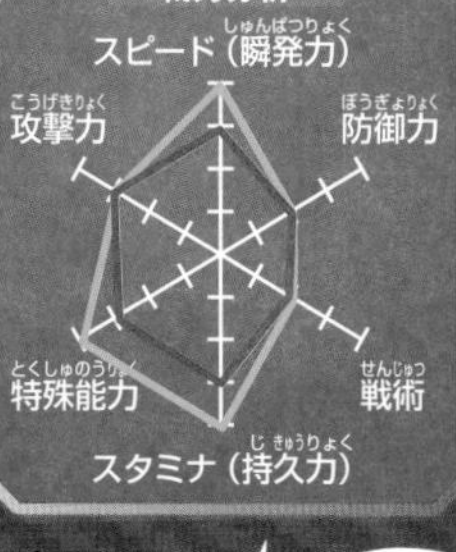


### 恐竜《きょうりゅう》・古生物軍《こせいぶつぐん》

最大《さいだい》のライバルであったケツァルコアトルスを撃破《げきは》し、いきおいに乗《の》るプテラノドン。ばつ群《ぐん》の機動力《きどうりょく》をほこるスイロクを相手《あいて》に、どのようなレースを展開《てんかい》していくか、戦術《せんじゅつ》が戦《たたか》いのカギとなる。

時速《じそく》 50km《キロメートル》
体長《たいちょう》 1.8m《メートル》（翼幅《よくはば》7m《メートル》）／体重《たいじゅう》 25kg《キログラム》
魚食《ぎょしょく》

## シーン1 水中《すいちゅう》vs大空《おおぞら》の激《はげ》しいレース展開《てんかい》

スイロクが湖《みずうみ》にさしかかり、水中《すいちゅう》にとびこむ。上空《じょうくう》ではプテラノドンが安定《あんてい》した速度《そくど》で飛《と》んでいる。

メインフィールド
湖《みずうみ》

## シーン2 プテラノドンが低空飛行《ていくうひこう》でアタック

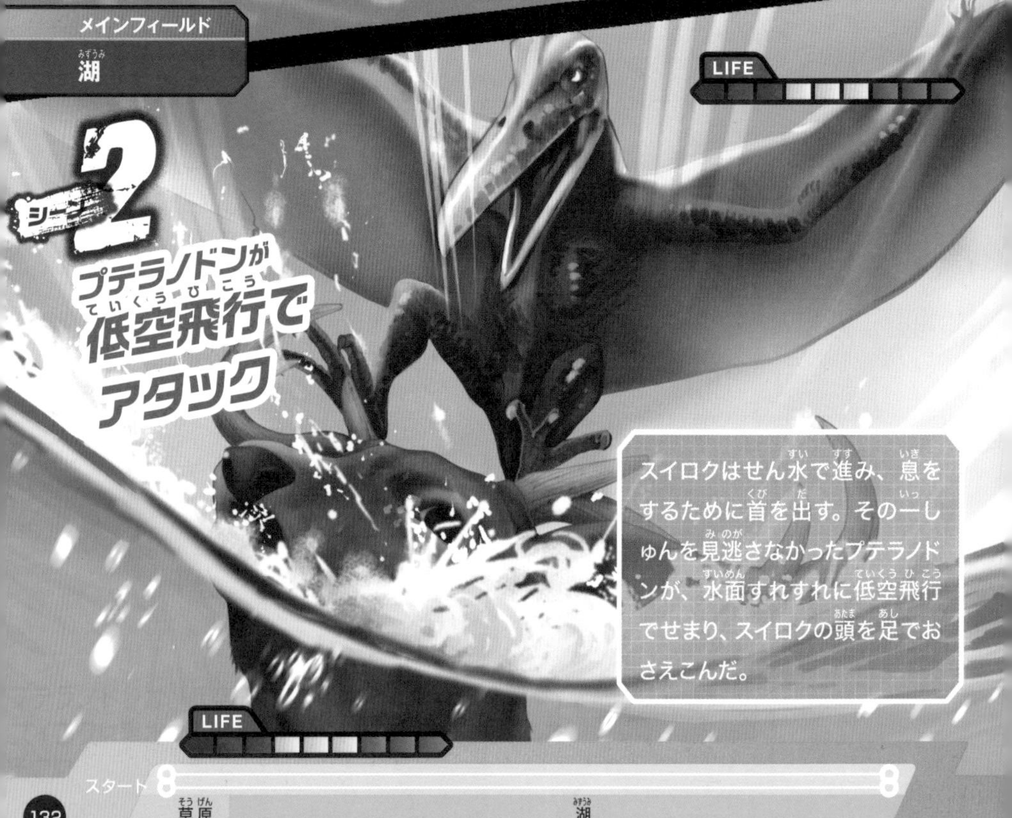


スイロクはせん水《すい》で進《すす》み、息《いき》をするために首《くび》を出《だ》す。その一《いっ》しゅんを見逃《みのが》さなかったプテラノドンが、水面《すいめん》すれすれに低空飛行《ていくうひこう》でせまり、スイロクの頭《あたま》を足《あし》でおさえこんだ。

スタート
草原《そうげん》
湖《みずうみ》

# Winner!

勝者《しょうしゃ》 恐竜《きょうりゅう》・古生物軍《こせいぶつぐん》 プテラノドン

## シーン3 プテラノドン、日常《にちじょう》の習性《しゅうせい》を活《い》かした作戦《さくせん》勝《か》ち

呼吸《こきゅう》ができなくなったスイロクは、でき死《し》してしまった。プテラノドンは、ゆうぜんと羽《は》ばたいていく。

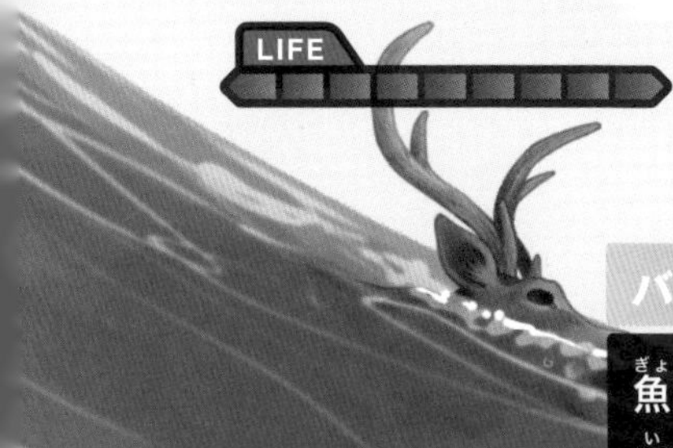


TIME
19分《ふん》26秒《びょう》

### バトル結果《けっか》

魚食《ぎょしょく》のプテラノドンは、日常的《にちじょうてき》に魚《さかな》をとる習性《しゅうせい》を活《い》かして、水中《すいちゅう》にいるスイロクが浮上《ふじょう》したタイミングに合《あ》わせて攻撃《こうげき》し、見事撃破《みごとげきは》した。

# しゅん殺《さつ》の超高速銃弾《ちょうこうそくじゅうだん》vs.破壊神《はかいしん》のワシづかみ

空《そら》の絶対王者《ぜったいおうじゃ》
## イヌワシ

DATA

分類《ぶんるい》 鳥類《ちょうるい》・タカ目《もく》タカ科《か》
分布《ぶんぶ》 北半球《きたはんきゅう》の山岳地帯《さんがくちたい》
年代《ねんだい》 現代《げんだい》
武器《ぶき》 あく力《りょく》・急降下《きゅうこうか》

環境《かんきょう》 空中《くうちゅう》

鳥類最速《ちょうるいさいそく》ハンター
## ハヤブサ

DATA

分類《ぶんるい》 鳥類《ちょうるい》・ハヤブサ目《もく》ハヤブサ科《か》
分布《ぶんぶ》 ユーラシア大陸《たいりく》、北《きた》アメリカ、オーストラリア
年代《ねんだい》 現代《げんだい》
武器《ぶき》 体当《たいあ》たり

環境《かんきょう》 空中《くうちゅう》

START!

危険生物軍《きけんせいぶつぐん》

前《ぜんかい》回のレースでは、強敵《きょうてき》ニホンキジを、急降下《きゅうこうか》の高速《こうそく》アタックでたおし、勝利《しょうり》をつかんだ。今回《こんかい》の相手《あいて》は、鳥類《ちょうるい》くっ指《し》のハンターであるイヌワシだ。おたがいに猛《もう》きん類同士《るいどうし》で、狩《か》りの手法《しゅほう》を知《し》りつくす、やりづらい相手《あいて》だ。

時速《じそく》 120km《キロメートル》(水平飛行《すいへいひこう》)・390km《キロメートル》(急降下《きゅうこうか》)
体長《たいちょう》 45cm《センチメートル》（翼長《よくちょう》120cm《センチメートル》）／体重《たいじゅう》 1.3kg《キログラム》
肉食《にくしょく》

戦力分析《せんりょくぶんせき》

危険生物軍《きけんせいぶつぐん》

前《ぜんかい》回のレースでは、恐竜王《きょうりゅうおう》ティラノサウルスを、底《そこ》なし沼《ぬま》のわなにはめる頭脳戦《ずのうせん》で、見事勝《みごとしょう》利《り》した。たぐいまれなる戦《せん》とう力《りょく》と頭脳《ずのう》をあわせ持《も》った鳥類最強《ちょうるいさいきょう》のハンターは、鳥類最速《ちょうるいさいそく》ハンターのハヤブサとの決戦《けっせん》にいどむ。

時速《じそく》 120km《キロメートル》(飛行《ひこう》)
体長《たいちょう》 120cm《センチメートル》（翼長《よくちょう》220cm《センチメートル》）／体重《たいじゅう》 5kg《キログラム》
肉食《にくしょく》

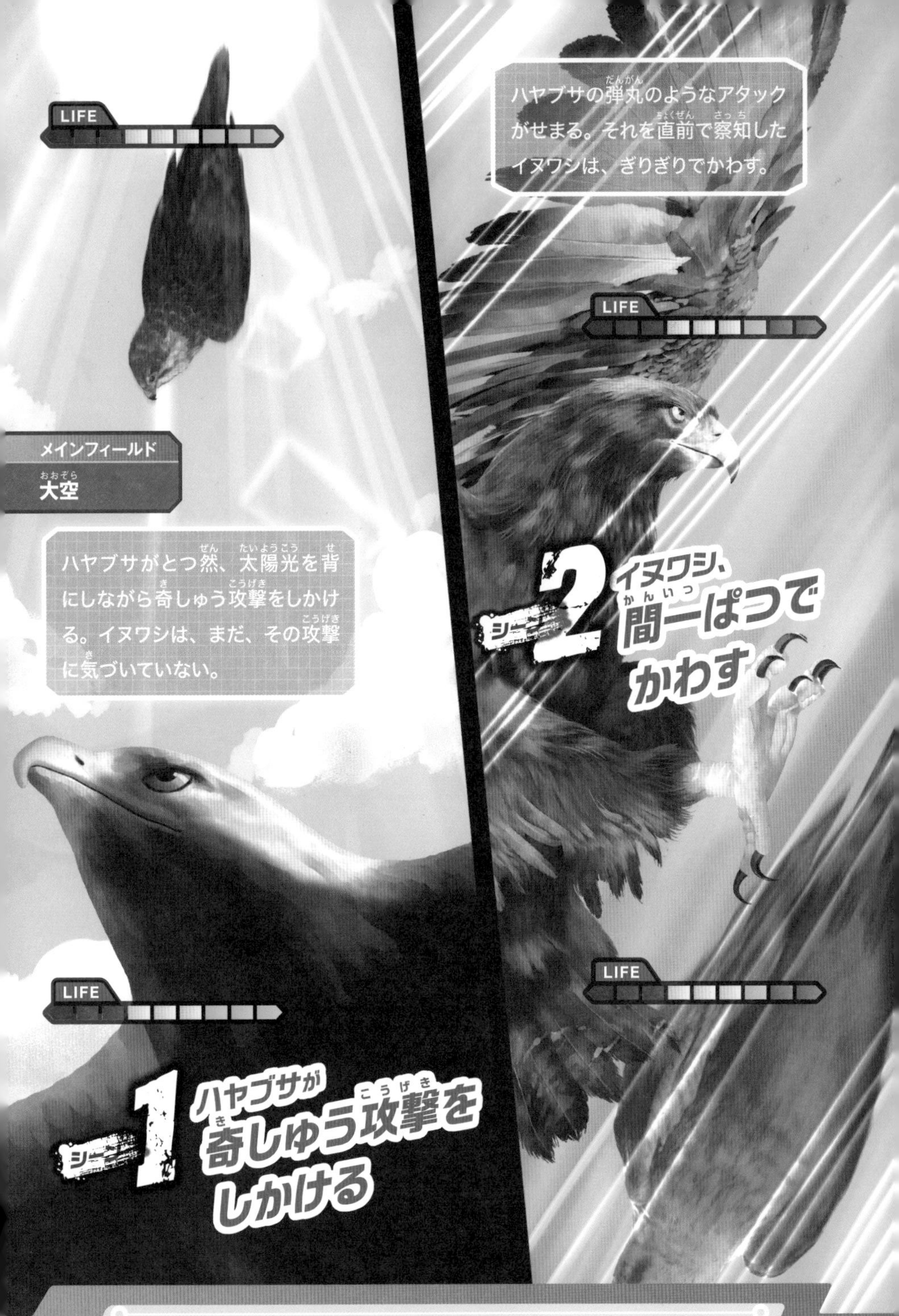

LIFE

メインフィールド

大空《おおぞら》

ハヤブサがとつ然《ぜん》、太陽光《たいようこう》を背《せ》にしながら奇《き》しゅう攻撃《こうげき》をしかける。イヌワシは、まだ、その攻撃《こうげき》に気《き》づいていない。

LIFE

## シー1 ハヤブサが奇《き》しゅう攻撃《こうげき》をしかける

ハヤブサの弾丸《だんがん》のようなアタックがせまる。それを直前《ちょくぜん》で察知《さっち》したイヌワシは、ぎりぎりでかわす。

LIFE

## シー2 イヌワシ、間一《かんいつ》ぱつでかわす

LIFE

スタート

荒野《こうや》

## 3 イヌワシ、かわしながらワシづかみ！

**Winner!**

勝者《しょうしゃ》 危険生物軍《きけんせいぶつぐん》 イヌワシ

さらにイヌワシは、ハヤブサが通過《つうか》するしゅん間《かん》に、足《あし》でキャッチ！　すかさずあく力《りょく》 100kg《キログラム》 のパワーでにぎりつぶしてしまった。

### バトル結果《けっか》

数秒《すうびょう》で決着《けっちゃく》がついた、まさにしゅん間《かん》の戦《たたか》いとなった。時速《じそく》 390km《キロメートル》 のハヤブサの奇《き》しゅうが成功《せいこう》していれば、勝敗《しょうはい》は逆転《ぎゃくてん》していたかもしれない。一流《いちりゅう》ハンター同士《どうし》の名勝負《めいしょうぶ》だった。

TIME
4分《ふん》33秒《びょう》

# 戦術頭脳派《せんじゅつずのうは》 VS. 怒《いか》り狂《くる》う怪鳥《かいちょう》

## 霊長類最速《れいちょうるいさいそく》のスプリンター
## パタスモンキー

## 史上最大《しじょうさいだい》の鳥《とり》
## モア（ジャイアントモア）

**DATA**

**分類《ぶんるい》** ほ乳類《にゅうるい》・霊長目《れいちょうもく》
オナガザル科《か》
**分布《ぶんぷ》** アフリカのサバンナ
**年代《ねんだい》** 現代《げんだい》
**武器《ぶき》** キバ・しゅん足《そく》

**環境《かんきょう》** 陸地《りくち》

**DATA**

**分類《ぶんるい》** 鳥類《ちょうるい》・モア目《もく》モア科《か》
**分布《ぶんぷ》** ニュージーランド
**年代《ねんだい》** BC1400年絶滅《ねんぜつめつ》
**武器《ぶき》** 脚力《きゃくりょく》（キック）

**環境《かんきょう》** 陸地《りくち》

**危険生物軍《きけんせいぶつぐん》**

サルならではの敏《びん》しょう性《せい》を活《い》かして、前回《ぜんかい》はサイの祖先《そせん》モロプスをたおした。機動性《きどうせい》だけでなく、霊長類最大《れいちょうるいさいだい》のキバを持《も》ち、攻撃力《こうげきりょく》もあわせ持《も》っている。霊長類最高《れいちょうるいさいこう》スペックをほこり、優勝候補《ゆうしょうこうほ》の筆頭《ひっとう》とも言《い》われている。

**時速《じそく》** 55km《キロメートル》
**体長《たいちょう》** 75cm《センチメートル》／**体重《たいじゅう》** 12kg《キログラム》
**雑食《ざっしょく》**

**戦力分析《せんりょくぶんせき》**

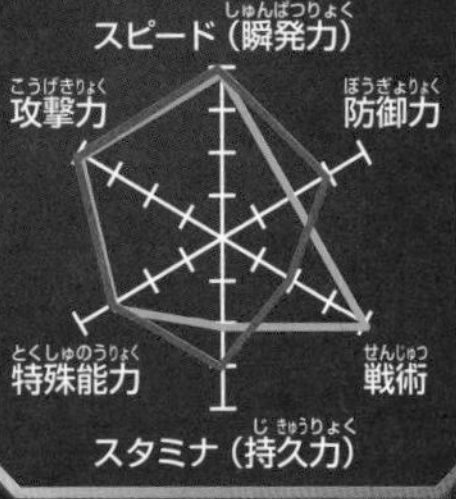

**恐竜《きょうりゅう》・古生物軍《こせいぶつぐん》**

前回《ぜんかい》の戦《たたか》いでは、巨大《きょだい》でありながらも、強力《きょうりょく》な脚力《きゃくりょく》から生《う》み出《だ》される安定《あんてい》した走力《そうりょく》で勝利《しょうり》を手《て》にした。次《つぎ》なる相手《あいて》パタスモンキーは、素早《すばや》く、かしこい、もっとも相性《あいしょう》の悪《わる》い、イヤな相手《あいて》かもしれない。

**時速《じそく》** 50km《キロメートル》(しっ走《そう》)
**体長《たいちょう》** 4m《メートル》／**体重《たいじゅう》** 300kg《キログラム》
**植物食《しょくぶつしょく》**

## シーン1 モアとパタスモンキーのしっ走対決《そうたいけつ》

草原《そうげん》を高速《こうそく》で走《はし》るモア。その後《うし》ろから、パタスモンキーがついていく。激《はげ》しいデッドヒートがくり広《ひろ》げられている。

メインフィールド
草原《そうげん》の荒野《こうや》

## シーン2 パタスモンキーが一か八《いちばち》かの奇策《きさく》に出《で》る

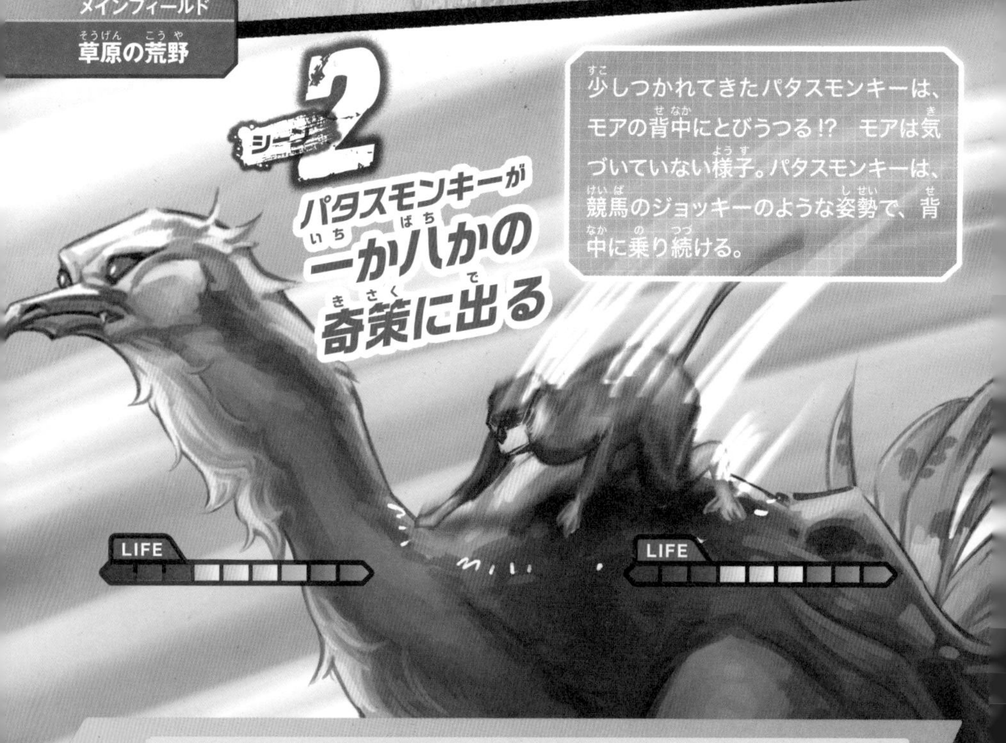


少《すこ》しつかれてきたパタスモンキーは、モアの背中《せなか》にとびうつる!? モアは気《き》づいていない様子《ようす》。パタスモンキーは、競馬《けいば》のジョッキーのような姿勢《しせい》で、背中《せなか》に乗《の》り続《つづ》ける。

スタート
草原《そうげん》　荒野《こうや》

## シー 3 モア、怒《いか》りの一撃《いちげき》！

**Winner!**

勝者《しょうしゃ》　恐竜《きょうりゅう》・古生物軍《こせいぶつぐん》　モア

荒野《こうや》に入《はい》ると、とつ然《ぜん》モアは首《くび》をくるりと回転《かいてん》させてのばし、パタスモンキーをくわえた。そして、首《くび》のスナップを効《き》かせながら勢《いきお》いよく投《な》げ飛《と》ばした。パタスモンキーは地面《じめん》の岩《いわ》に激《はげ》しくたたきつけられ、ぴくりとも動《うご》かなくなった。

### バトル結果《けっか》

モアは、パタスモンキーの奇策《きさく》に気《き》づかないふりをしながら、走《はし》り続《つづ》けた。そして、わざわざ荒野《こうや》の固《かた》い地面《じめん》を見定《みさだ》めて、怒《いか》りの鉄《てつ》ついを下《くだ》した。優勝候補《ゆうしょうこうほ》ともいわれたパタスモンキーは自分《じぶん》のかしこさに油《ゆ》だんしすぎて、ここで敗退《はいたい》となった。

# 空《そら》の殺《ころ》し屋《や》の必殺《ひっさつ》武器《ぶき》

人《ひと》の狩《か》りに利用《りよう》される!

## 曲《ま》がったクチバシは実《じつ》は武器《ぶき》には使《つか》わない

陸《りく》のライオンやオオカミといった猛獣《もうじゅう》のように、空《そら》の肉食動物《にくしょくどうぶつ》を猛《もう》きん類《るい》といいます。ワシ、タカ、フクロウなどが代表的《だいひょうてき》な猛《もう》きん類《るい》で、クチバシの形《かたち》が特《とく》ちょう的《てき》です。実《じつ》はクチバシは戦《せん》とうには使《つか》いません。先《さき》が曲《ま》がったクチバシは、獲物《えもの》の羽《はね》や毛《け》をむしって肉《にく》を食《た》べやすくする道具《どうぐ》で、狩《か》りの後《あと》に使《つか》うものなのです。

上空《じょうくう》を飛《と》びながら獲物《えもの》を探《さが》すタカ。

## ワシづかみにして獲物《えもの》をとらえる

猛《もう》きん類《るい》の最大《さいだい》の武器《ぶき》は何《なん》と言《い》っても足《あし》のあく力《りょく》です。上空《じょうくう》から獲物《えもの》を見《み》つけると、急降下《きゅうこうか》して〝ワシづかみ〟にします。数十《すうじゅっ》キロ、大型《おおがた》の猛《もう》きんでは100キロのあく力《りょく》があり、一《いっ》しゅんで絞殺《こうさつ》されて獲物《えもの》は絶命《ぜつめい》します。頭《あたま》の良《よ》いイヌワシは、持《も》ち上《あ》げられない大型草食動物《おおがたそうしょくどうぶつ》を谷《たに》に落《お》として狩《か》ることもあります。

モンゴルの少数《しょうすう》民族《みんぞく》の鷹匠《たかじょう》。

このような猛《もう》きん類《るい》の習性《しゅうせい》を活《い》かして世界中《せかいじゅう》で古《ふる》くから鷹匠《たかじょう》という仕事《しごと》があります。タカを飼《か》いならしてウサギなどを狩《か》る猟《りょう》ですが、モンゴルでは、イヌワシでオオカミを狩《か》る鷹匠《たかじょう》の猟《りょう》もあるほどです。

タカをたくみにあやつって狩《か》りをする鷹匠《たかじょう》。

レース

# Race

37 → 38

## 準決勝《じゅんけっしょう》

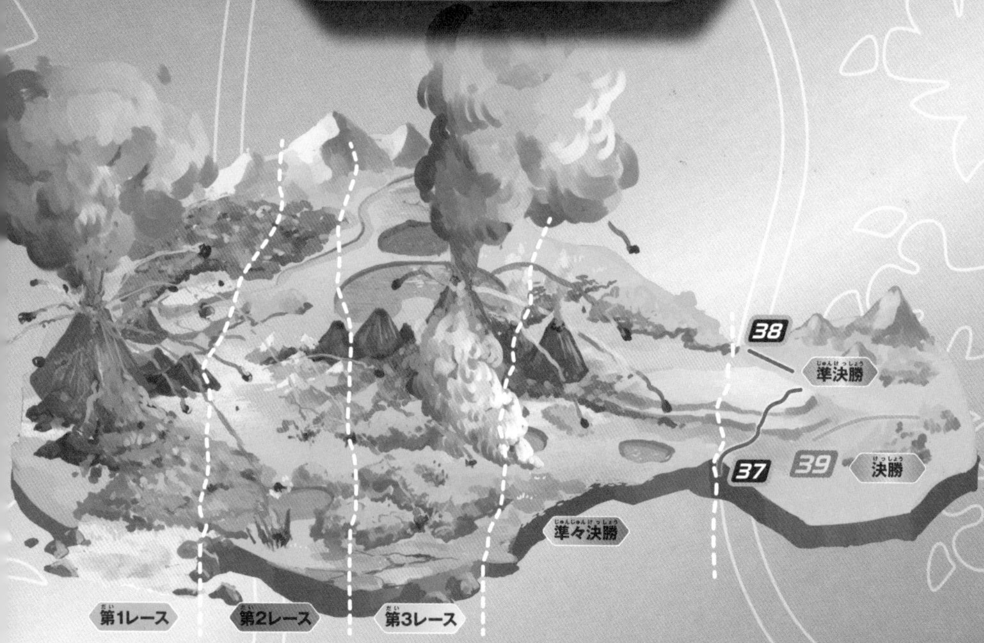


中央火山《ちゅうおうかざん》の噴火《ふんか》は激《はげ》しさをまし、火口《かこう》から流《なが》れ出《で》た溶岩流《ようがんりゅう》が生《い》き残《のこ》った生物《せいぶつ》たちにせまる。南《みなみ》の斜面《しゃめん》では、高温《こうおん》の火山灰《かざんばい》が山《やま》を流《なが》れ落《お》ちる火《か》さい流《りゅう》も発生《はっせい》した。島《しま》の東《ひがし》にある新《しん》天地《てんち》までは、もうすぐだ。

# 恐竜《きょうりゅう》に最《もっと》も近《ちか》い鳥《とり》 vs.鳥《とり》のようなは虫類《ちゅうるい》

START!

世界一《せかいいち》きょう暴《ぼう》な鳥《とり》

## ヒクイドリ

**DATA**

**分類《ぶんるい》** 鳥類《ちょうるい》・ダチョウ目《もく》ヒクイドリ科《か》
**分布《ぶんぷ》** インドネシア、ニューギニア、オーストラリア
**年代《ねんだい》** 現代《げんだい》
**武器《ぶき》** クチバシ、キック

環境《かんきょう》 陸地《りくち》

大《おお》きなクチバシを持《も》つ巨大翼竜《きょだいよくりゅう》

## プテラノドン

**DATA**

**分類《ぶんるい》** は虫類《ちゅうるい》・翼竜目《よくりゅうもく》プテラノドン科《か》
**分布《ぶんぷ》** アメリカ・日本《にほん》
**年代《ねんだい》** 中生代白亜紀後期《ちゅうせいだいはくあきこうき》
**武器《ぶき》** 滑空《かっくう》・羽《はね》

環境《かんきょう》 空中《くうちゅう》

**危険生物軍《きけんせいぶつぐん》**

準《じゅん》決勝《けっしょう》の相手《あいて》は、翼竜《よくりゅう》プテラノドンだ。陸《りく》と空《そら》のちがいはあるが移動速度《いどうそくど》はほぼごかくで、戦《せん》とう能力《のうりょく》では上回《うわまわ》る。空《そら》を飛《と》ぶプテラノドンのスキをついて、必殺《ひっさつ》キックをくらわせることができれば、勝機《しょうき》は十分《じゅうぶん》にある。

**時速《じそく》** 50km《キロメートル》(しっ走《そう》)
**体長《たいちょう》** 2m《メートル》／**体重《たいじゅう》** 90kg《キログラム》
**植物食《しょくぶつしょく》**

**戦力分析《せんりょくぶんせき》**

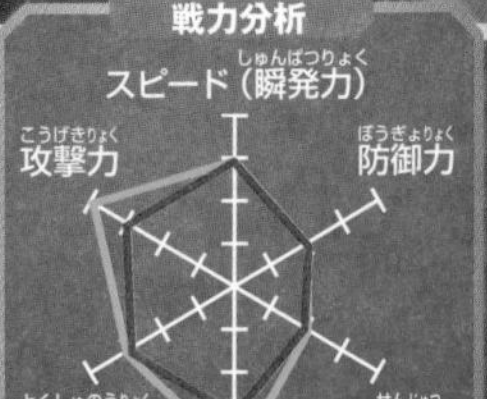


**恐竜《きょうりゅう》・古生物軍《こせいぶつぐん》**

激《げき》戦《せん》を勝《か》ちぬいてきたプテラノドン。これまでの相手《あいて》の中《なか》で、もっとも好戦的《こうせんてき》できょう暴《ぼう》なヒクイドリとの決戦《けっせん》にのぞむ。ヒクイドリのするどい爪《つめ》のキックで被膜《ひまく》を破《やぶ》られると、二度《にど》と空《そら》を飛《と》べなくる危険《きけん》がある。

**時速《じそく》** 50km《キロメートル》（飛行《ひこう》）
**体長《たいちょう》** 1.8m《メートル》（翼幅《よくはば》7m《メートル》）／**体重《たいじゅう》** 25kg《キログラム》
**魚食《ぎょしょく》**

## シーン1 低空飛行《ていくうひこう》のプテラノドンを、ヒクイドリが攻撃《こうげき》

火山《かざん》の噴煙《ふんえん》や火山灰《かざんばい》がはげしくなる中《なか》で、低空《ていくう》飛行《ひこう》をするプテラノドン。凶悪《きょうあく》な性格《せいかく》のヒクイドリは、たびたびジャンプキックをあびせかけ、ちょっかいを出《だ》す。プテラノドンは間一《かんいっ》ぱつでかわし続《つづ》け、相手《あいて》にしない。

メインフィールド

高地《こうち》

## シーン2 ヒクイドリ、こん身《しん》のジャンプキック

ついに勝負《しょうぶ》することを決めたプテラノドンがせん回《かい》し、ヒクイドリと向《む》かいあう。ヒクイドリがこん身《しん》の特大《とくだい》ジャンプキックで、プテラノドンへおそいかかる。プテラノドンは羽《はね》を大《おお》きく広《ひろ》げてまちかまえる。

## Winner!

勝《しょう》者《しゃ》 恐竜《きょうりゅう》・古生物軍《こせいぶつぐん》 プテラノドン

シーン3

## プテラノドンが広《ひろ》げた羽《はね》を使《つか》って反撃《はんげき》!

プテラノドンは、羽《はね》の被膜《ひまく》をじょうずに使《つか》い、ヒクイドリを受《う》けとめる。トランポリンのようにはじけとんだヒクイドリは、谷底《たにそこ》にまっさかさまに落《お》ちていった。

TIME
15分《ふん》19秒《びょう》

### バトル結果《けっか》

プテラノドンは、大《おお》きな羽《はね》を卓球《たっきゅう》のスマッシュのように巻《ま》き込《こ》みながらふることで、ヒクイドリの鋭利《えいり》な爪《つめ》を無効化《むこうか》しながら、はじきとばすことに成功《せいこう》した。プテラノドンの技《わざ》ありの勝利《しょうり》だ。

# 現生《げんせい》の空《そら》の覇者《はしゃ》 vs. 古代《こだい》の無敵《むてき》の怪鳥《かいちょう》

空《そら》の絶対王者《ぜったいおうじゃ》

## イヌワシ

DATA

分類《ぶんるい》 鳥類《ちょうるい》・タカ目《もく》タカ科《か》
分布《ぶんぷ》 北半球《きたはんきゅう》の山岳地帯《さんがくちたい》
年代《ねんだい》 現代《げんだい》
武器《ぶき》 あく力《りょく》・急降下《きゅうこうか》

環境《かんきょう》 空中《くうちゅう》

史上最大《しじょうさいだい》の鳥《とり》

## モア（ジャイアントモア）

DATA

分類《ぶんるい》 鳥類《ちょうるい》・モア目《もく》モア科《か》
分布《ぶんぷ》 ニュージーランド
年代《ねんだい》 BC1400年絶滅《ねんぜつめつ》
武器《ぶき》 脚力《きゃくりょく》（キック）

環境《かんきょう》 陸地《りくち》

### 危険生物軍《きけんせいぶつぐん》

圧《あっ》とう的《てき》なあく力《りょく》と、ずばぬけた飛行能力《ひこうのうりょく》、そして明《めい》せきな頭脳《ずのう》によって、レースを制《せい》してきたイヌワシ。次《つぎ》なる相手《あいて》は、史《し》上最大《じょうさいだい》の鳥《とり》・モアだ。現生《げんせい》と古代《こだい》の鳥類《ちょうるい》、それぞれのプライドをかけた頂上決戦《ちょうじょうけっせん》がいま始《はじ》まる。

時速《じそく》 120km《キロメートル》(飛行《ひこう》)
体長《たいちょう》 120cm《センチメートル》（翼長《よくちょう》220cm《センチメートル》）／体重《たいじゅう》 5kg《キログラム》
肉食《にくしょく》

### 戦力分析《せんりょくぶんせき》

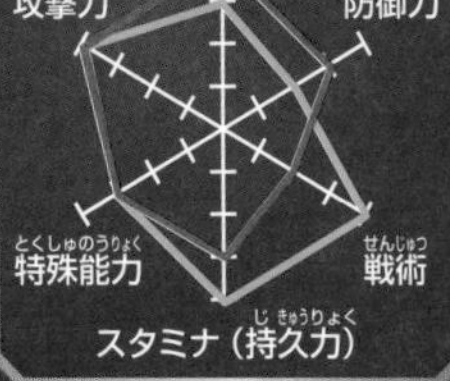

### 恐竜《きょうりゅう》・古生物軍《こせいぶつぐん》

現《げん》生最大《せいさいだい》の鳥《とり》・ダチョウよりも、はるかに大《おお》きな体《からだ》を持《も》つ。自然界《しぜんかい》ではほぼ敵《てき》はいなかった。唯一《ゆいいつ》の天敵《てんてき》である巨大鳥《きょだいちょう》・ハーストイーグルにも、その強《きょう》じんな脚力《きゃくりょく》で対《たい》こうしていたと言《い》われる。

時速《じそく》 50km《キロメートル》(しっ走《そう》)
体長《たいちょう》 4m《メートル》／体重《たいじゅう》 300kg《キログラム》
植物食《しょくぶつしょく》

## シーン1 モア、上空《じょうくう》を飛《と》ぶイヌワシを警《けい》かいする

メインフィールド
空対地《くうたいち》

森《もり》をぬけたモアが、草原《そうげん》をしっ走《そう》していく。空《そら》には、イヌワシの姿《すがた》があり、モアは警《けい》かいしながら走《はし》り続《つづ》ける。

快調《かいちょう》に走《はし》り続《つづ》けるモア。少《すこ》し目《め》をはなしたすきに、空《そら》のイヌワシの姿《すがた》が、モアの視界《しかい》から消《き》える。次《つぎ》のしゅん間《かん》、地面《じめん》すれすれを、低空飛行《ていくうひこう》で飛《と》ぶイヌワシの姿《すがた》が眼《め》に入《はい》る。

## シーン2 イヌワシが地面《じめん》すれすれの低空飛行《ていくうひこう》でせまる

スタート 8 8
草原《そうげん》

足元《あしもと》から急浮上《きゅうふじょう》したイヌワシが、モアの首《くび》を足《あし》でしめ上《あ》げる。モアは、その場《ば》にくずれ落《お》ちるようにダウン！　イヌワシは、さっそうと羽《は》ばたいていく。

## バトル結果《けっか》

モアは、イヌワシの攻撃《こうげき》を警《けい》かいしながら進《すす》んだ。しかし、イヌワシは、一《いっ》しゅんのスキをつき、モアのけりがくり出《だ》せない後方《こうほう》からしのび寄《よ》りたおした。

COLUMN コラム 06

特《とく》しゅな鳥《とり》がいっぱい!?

# 生物《せいぶつ》絶《ぜつ》めつと進化《しんか》の自然環境《しぜんかんきょう》

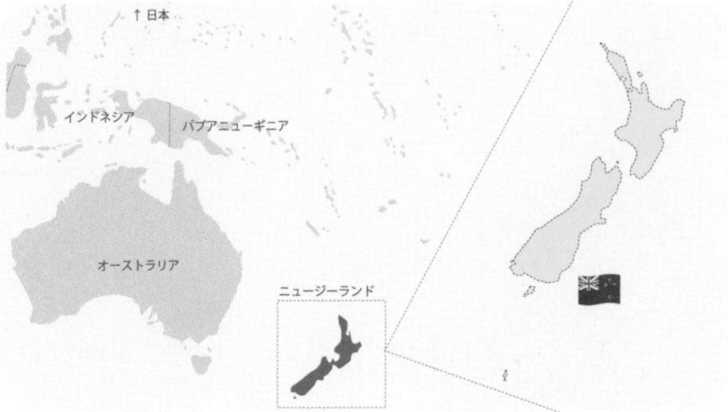


## 空《そら》を飛《と》べることは生《い》き残《のこ》りに有利《ゆうり》

　地球《ちきゅう》には、猛暑《もうしょ》や吹雪《ふぶき》、台風《たいふう》や洪水《こうずい》、山火事《やまかじ》や火山噴火《かざんふんか》など、さまざまな災害《さいがい》が次《つぎ》つぎに起《お》こり、ときに動物《どうぶつ》たちも、そんな自然災害《しぜんさいがい》に見《み》まわれます。そんなとき、生《い》き残《のこ》りやすいのは、移動能力《いどうのうりょく》が高《たか》い動物《どうぶつ》です。

　南半球《みなみはんきゅう》にあるニュージーランドは、かつて大陸《たいりく》と分《わ》かれた後《あと》、海底《かいてい》に一度《いちど》しずんだために、それまで生息《せいそく》していた動物《どうぶつ》がすべて絶《ぜつ》めつしました。その後《ご》、飛《ひ》しょう能力《のうりょく》のある生物《せいぶつ》だけがニュージーランドにやって来《く》ることができたのです。

## 人間《にんげん》の環境破壊《かんきょうはかい》は自然災害《しぜんさいがい》よりも怖《こわ》い !?

　ニュージーランドには、飛《ひ》しょう能力《のうりょく》のあるコウモリ以外《いがい》のほ乳類《にゅうるい》はおらず、鳥《とり》の楽園《らくえん》となりました。天敵《てんてき》がいないのでめずらしい生態《せいたい》に進化《しんか》した鳥類《ちょうるい》もたくさんいます。

　ただし、近年《きんねん》は人間《にんげん》が持《も》ちこんだ家《か》ちくやペット、外来生物《がいらいせいぶつ》が増《ふ》えて、特《とく》しゅに進化《しんか》した鳥《とり》たちの存続《そんぞく》の危機《きき》がせまっています。動物《どうぶつ》たちは、自然《しぜん》のきょういよりも、人間《にんげん》のきょういの方《ほう》を心配《しんぱい》していることでしょう。現在《げんざい》は、厳《きび》しい制限《せいげん》などによる保護政策《ほごせいさく》が進《すす》んでいます。

ニュージーランドにしか生息《せいそく》していない、飛《と》べない鳥《とり》・キーウィ。国鳥《こくちょう》でもある。

写真：Mark Anderson

ニュージーランドのフクロウオウムも飛《と》べなくなった鳥《とり》。マオリ語《ご》の名前《なまえ》カカポで呼ばれることも。

写真：Mnolf

# Race《レース》 39

## the Final Round

## 決勝《けっしょう》

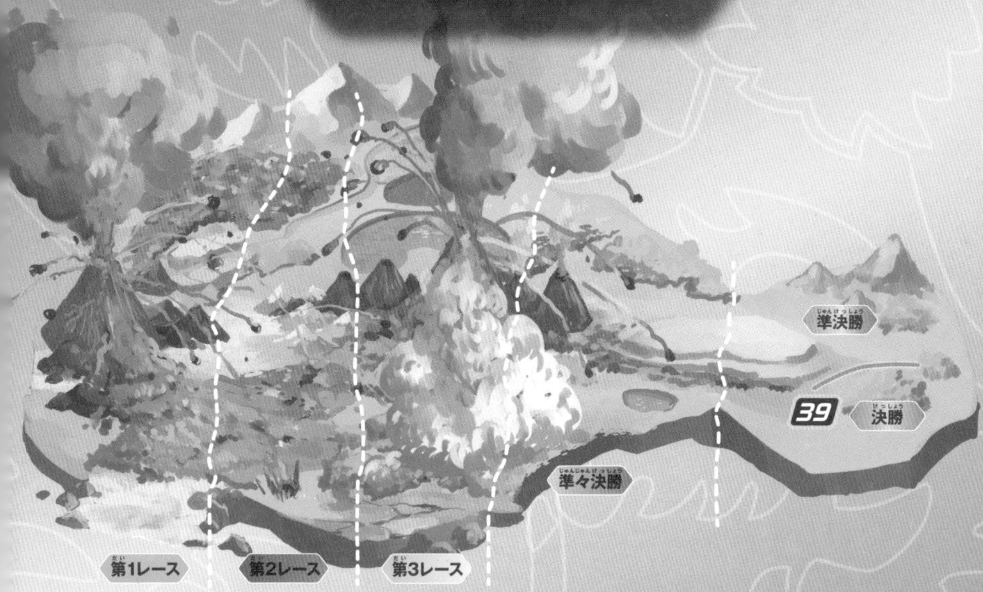


最《さい》後《ご》まで生《い》き残《のこ》った２匹《ひき》の動物《どうぶつ》による、ラストレースが始《はじ》まる。島《しま》の最《もっと》も東《ひがし》の半島《はんとう》には、噴火《ふんか》の被《ひ》害《がい》がおよばない、自然《しぜん》豊《ゆた》かな場所《ばしょ》がある。このレースの勝者《しょうしゃ》のみが、新《しん》天地《てんち》での生活《せいかつ》を手《て》にする。

# 史上最強《しじょうさいきょう》の翼竜《よくりゅう》 vs.現生最強《げんせいさいきょう》の鳥《とり》

空《そら》の絶対王者《ぜったいおうじゃ》
## イヌワシ

大《おお》きなクチバシを持《も》つ巨大翼竜《きょだいよくりゅう》
## プテラノドン

**DATA**

**分類《ぶんるい》** は虫類《ちゅうるい》・翼竜目《よくりゅうもく》
プテラノドン科《か》
**分布《ぶんぷ》** アメリカ・日本《にほん》
**年代《ねんだい》** 中生代白亜紀後期《ちゅうせいだいはくあきこうき》
**武器《ぶき》** 滑空《かっくう》・羽《はね》

**環境《かんきょう》** 空中《くうちゅう》

**DATA**

**分類《ぶんるい》** 鳥類《ちょうるい》・タカ目《もく》タカ科《か》
**分布《ぶんぷ》** 北半球《きたはんきゅう》の山岳地帯《さんがくちたい》
**年代《ねんだい》** 現代《げんだい》
**武器《ぶき》** 脚力《きゃくりょく》・急降下《きゅうこうか》

**環境《かんきょう》** 空中《くうちゅう》

**恐竜《きょうりゅう》・古生物軍《こせいぶつぐん》**

**危険生物軍《きけんせいぶつぐん》**

**戦力分析《せんりょくぶんせき》**

安定《あんてい》した飛行能力《ひこうのうりょく》とばつ群《ぐん》のかけ引《ひ》きでデスレースを切《き》りぬけてきたプテラノドンは、ついに決勝《けっしょう》の舞台《ぶたい》にやってきた。機動力《きどうりょく》と戦《せん》とう力《りょく》で、他《ほか》を圧《あっ》とうするイヌワシを相手《あいて》に、決死《けっし》のかくごでレースにいどむ。

**時速《じそく》** 50km《キロメートル》
**体長《たいちょう》** 1.8m《メートル》（翼幅《よくはば》7m《メートル》）／**体重《たいじゅう》** 25kg《キログラム》
**魚食《ぎょしょく》**

たぐいまれなハンターの素質《そしつ》に恵《めぐ》まれたイヌワシは、数《かず》かずの強敵《きょうてき》を、力《ちから》と頭脳《ずのう》でねじふせてきた。最後《さいご》の相手《あいて》は、空《そら》をかける巨大《きょだい》な翼竜《よくりゅう》プテラノドンだ。すべての力《ちから》を出《だ》し切《き》って、空中《くうちゅう》でのラストレースにのぞむ。

**時速《じそく》** 120km《キロメートル》(飛行《ひこう》)
**体長《たいちょう》** 120cm《センチメートル》（翼長《よくちょう》220cm《センチメートル》）／**体重《たいじゅう》** 5kg《キログラム》
**肉食《にくしょく》**

# シーン1 イヌワシとプテラノドン ごかくのレース

イヌワシとプテラノドン、新天地《しんてんち》というゴールに向《む》かって高速《こうそく》で移動《いどう》する。両者《りょうしゃ》、一歩《いっぽ》もゆずらないレース展開《てんかい》。

メインフィールド

空《そら》

# シーン2 イヌワシが太陽《たいよう》を背《せ》に攻撃《こうげき》をしかける

イヌワシは、空中《くうちゅう》で素早《すばや》くせん回《かい》し、プテラノドンに攻撃《こうげき》をしかける。プテラノドンも、巨大《きょだい》な羽《はね》で追《お》いはらい、その攻撃《こうげき》をはね返《かえ》す。ごかくの攻防《こうぼう》が続《つづ》いていく。

スタート

草原《そうげん》

溶岩流《ようがんりゅう》

## シーン3 プテラノドンがクチバシで攻撃《こうげき》をふうじる

懐《ふところ》に入《はい》りこんだイヌワシは、相手《あいて》の肩口《かたぐち》を足《あし》でがっしりとつかみ、クチバシでのどもとを攻撃《こうげき》しようとする。プテラノドンは、イヌワシの頭《あたま》をクチバシでくわえて、攻撃《こうげき》をふうじる。

## シーン4 2匹《ひき》はからみ合《あ》ったまま溶岩流《ようかんりゅう》へ

だんご状態《じょうたい》で揚力《ようりょく》を失《うしな》った2匹《ひき》は、きりもみしながらつい落《らく》していく。眼下《がんか》には、火口《かこう》から噴出《ふんしゅつ》して地表《ちひょう》を流《なが》れる溶岩流《ようがんりゅう》が！

# Winner!

勝者《しょうしゃ》　恐竜《きょうりゅう》・古生物軍《こせいぶつぐん》　プテラノドン

シー 5

## プテラノドン、大《おお》きな羽《はね》で上昇気流《じょうしょうきりゅう》をつかまえる

地上《ちじょう》すれすれで、プテラノドンはイヌワシの頭《あたま》を放《はな》し、羽《はね》を大《おお》きく開《ひら》いて、上昇気流《じょうしょうきりゅう》にのって浮上《ふじょう》。イヌワシは溶岩流《ようがんりゅう》に落《お》ち、火《ひ》の鳥《とり》のように燃《も》えながら羽《は》ばたいて上昇《じょうしょう》しようとするが、やがて力《ちから》つき灰《はい》と化《か》した。

### バトル結果《けっか》

ぎりぎりの攻防《こうぼう》の中《なか》で、プテラノドンは、その大《おお》きな翼《つばさ》を活《い》かして再浮上《さいふじょう》し、勝利《しょうり》をつかみ取《と》った。激《はげ》しいデスレースを勝《か》ちぬき、このレースを制《せい》したプテラノドンは、新天地《しんてんち》に向《む》かって羽《は》ばたいていく。

TIME
13分《ふん》59秒《びょう》

# 死《し》とうを終《お》えて、ふり返《かえ》る
# レース結果《けっか》発表《はっぴょう》

トーナメント方式《ほうしき》による危険生物軍《きけんせいぶつぐん》と恐竜《きょうりゅう》&古生物軍《こせいぶつぐん》のレースバトルは、恐竜《きょうりゅう》&古生物《こせいぶつ》軍《ぐん》のプテラノドンの勝利《しょうり》に終《お》わった。活《かつ》やくした生物《せいぶつ》やレース全体《ぜんたい》をふり返《かえ》る。

**優勝《ゆうしょう》** プテラノドン
恐竜《きょうりゅう》&古生物軍《こせいぶつぐん》

**準優勝《じゅんゆうしょう》** イヌワシ
危険生物軍《きけんせいぶつぐん》

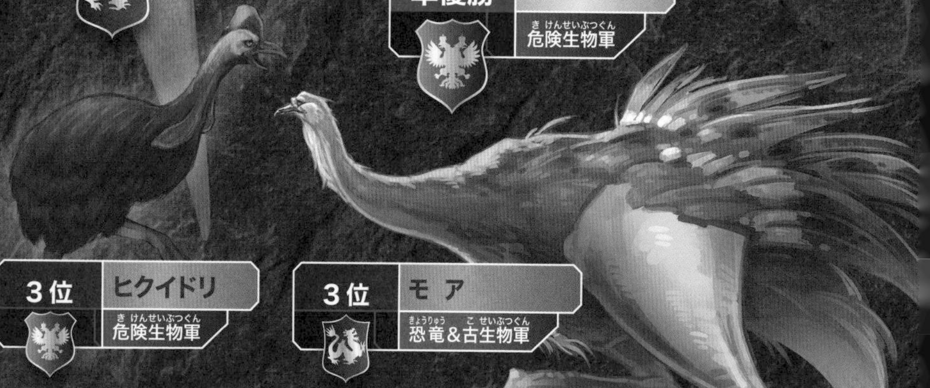

**3位** ヒクイドリ
危険生物軍《きけんせいぶつぐん》

**3位** モア
恐竜《きょうりゅう》&古生物軍《こせいぶつぐん》

## プテラノドンが栄冠《えいかん》を手《て》にし 恐竜《きょうりゅう》&古生物軍《こせいぶつぐん》が勝利《しょうり》する

決勝《けっしょう》に残《のこ》ったのは奇《き》しくも新旧《しんきゅう》の飛《ひ》しょう生物《せいぶつ》であった！ 現生《げんせい》の最強鳥類《さいきょうちょうるい》であるイヌワシ、恐竜時代《きょうりゅうじだい》の空《そら》を支配《しはい》した翼竜《よくりゅう》プテラノドンの一騎《いっき》打《う》ちだ。まさに名勝負《めいしょうぶ》！ イヌワシはプテラノドンの骨《ほね》をもにぎりつぶす必殺《ひっさつ》あく力《りょく》を持《も》つが、ディフェンス力《りょく》が高《たか》いプテラノドンは、イヌワシの攻撃力《こうげきりょく》をふうじるために、弱点《じゃくてん》の頭部《とうぶ》を攻《せ》め、さらに溶岩地形《ようがんちけい》を利用《りよう》することに一《いち》か八《ばち》かをかけた。この強運《きょううん》とたくみな戦術《せんじゅつ》が勝《まさ》り、プテラノドンが死《し》とうの末《すえ》に勝利《しょうり》を収《おさ》め、今回《こんかい》のデスレースの頂点《ちょうてん》に君《くん》りんする結果《けっか》となった。天空《てんくう》の覇者《はしゃ》プテラノドンよ！ 優勝《ゆうしょう》おめでとう！

# チーム勝利数《しょうりすう》も、恐竜《きょうりゅう》&古生物軍《こせいぶつぐん》に軍配《ぐんばい》があがる！

| 回戦《かいせん》 | 恐竜《きょうりゅう》・古生物軍《こせいぶつぐん》 | 危険生物軍《きけんせいぶつぐん》 |
| --- | --- | --- |
| 合計勝利数《ごうけいしょうりすう》 | 21勝《しょう》 | 18勝《しょう》 |

今回《こんかい》のデスレースは、火山《かざん》が噴火《ふんか》した島《しま》という、自《し》然災害《ぜんさいがい》の中《なか》で行《おこ》われた。火山《かざん》の噴石《ふんせき》が降《ふ》りそそぎ、溶《よう》岩《がん》の火《ひ》の川《かわ》、急流《きゅうりゅう》の川《かわ》、山岳地帯《さんがくちたい》と断崖絶壁《だんがいぜっぺき》の深《ふか》い谷《たに》は、スピードだけでは乗《の》り越《こ》えられない。先《さき》を急《いそ》ぐライバルたちの激《はげ》しい攻撃《こうげき》を逃《に》げながらどう対応《たいおう》するのか？ 息《いき》つくひまもなく絶体絶命《ぜったいぜつめい》のピンチが続《つづ》いた。

いったい誰《だれ》が勝利《しょうり》するのか予想《よそう》がとてもむずかしい反面《はんめん》、思《おも》いがけない名勝負《めいしょうぶ》・名《めい》レースも数多《かずおお》く見《み》られた。動物《どうぶつ》たちの移動方法《いどうほうほう》には、土《つち》を掘《ほ》るものから、地面《じめん》を走《はし》るもの、泳《およ》ぐもの、そして空《そら》を飛《と》ぶものまで、その動《どう》物《ぶつ》たちの特《とく》しゅ能力《のうりょく》が存分《ぞんぶん》に発揮《はっき》されていた。今回《こんかい》は、戦《たたか》いの強《つよ》さだけではなく、危機察知《ききさっち》・回避能力《かいひのうりょく》、地形《ちけい》の読《よ》み取《と》り能力《のうりょく》の性能《せいのう》の差《さ》が勝敗《しょうはい》に出《で》た。つまり敵《てき》はライバルだけでなく、さまざまな地形《ちけい》や自然災害《しぜんさいがい》もふくまれ、それらをクリアする必要《ひつよう》があった。

一進一退《いっしんいったい》のレースの中《なか》で、恐竜《きょうりゅう》&古生物軍《こせいぶつぐん》が、かろうじて勝利数《しょうりすう》でも上《うわ》まわった。

# 速《はや》さ・移動《いどう》きょり をグラフ化《か》して表現《ひょうげん》
# 飛行能力《ひこうのうりょく》をくらべてみよう

この本《ほん》に登場《とうじょう》する生物《せいぶつ》たちの「速《はや》さ」「移動《いどう》きょり」をグラフにしてみた。本気《ほんき》を出《だ》していなかったり、人間《にんげん》に見《み》つかっていなかったりするだけで、実際《じっさい》にはもっと高《たか》い能力《のうりょく》があるのかも知《し》れない。

## 速《はや》さ

## 速《はや》さ・移動《いどう》きょりの設定《せってい》について

現生動物《げんせいどうぶつ》も古生物《こせいぶつ》も、最高高度《さいこうこうど》、最長飛行《さいちょうひこう》きょりは、ぐう然確認《ぜんかくにん》されて、記録《きろく》が残《のこ》っているものをもとにしている。古生物《こせいぶつ》に関《かん》しては、飛行《ひこう》きょりを示《しめ》すしょうこがほとんど見《み》つかっていないので、体重《たいじゅう》・翼面積《つばさめんせき》などの形態《けいたい》と生態《せいたい》などから割《わ》り出《だ》した。現生《げんせい》の動物《どうぶつ》も気象《きしょう》条件《じょうけん》や生息地《せいそくち》で大《おお》きく変《か》わるが、おおむね休《やす》まずに1回《かい》で移動《いどう》するきょりと高度《こうど》を示《しめ》している。

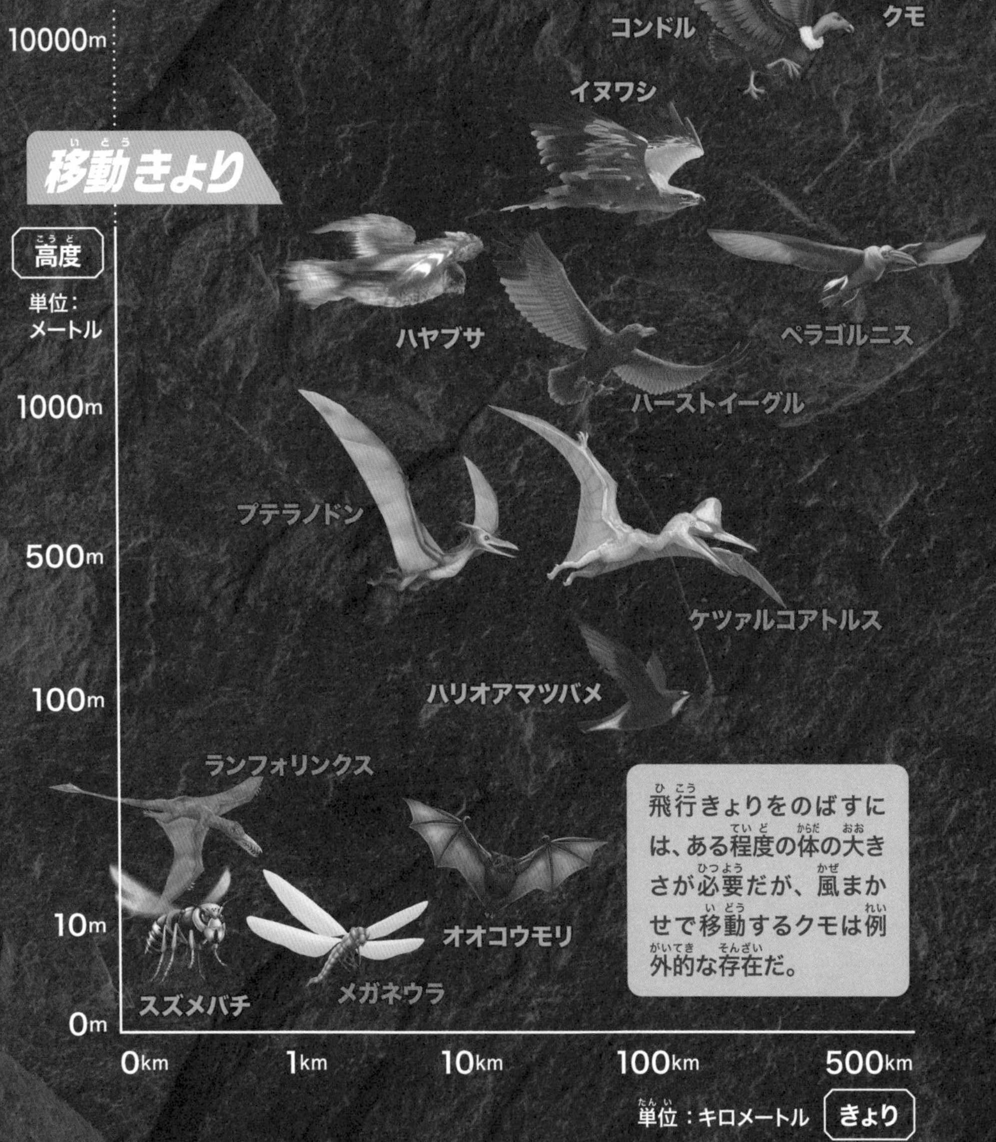

# おわりに

いかがでしたか？ キミの予想《よそう》は当《あ》たったかな？ 今回《こんかい》のストーリーは、そう絶《ぜつ》な世界《せかい》での生《い》き残《のこ》りをかけたレースでした。１対《たい》１の戦《たたか》いなら圧《あっ》とう的《てき》に強《つよ》い恐《きょう》竜《りゅう》や猛獣《もうじゅう》たちも、あっけなく敗者《はいしゃ》になってしまいました。それほど地球《ちきゅう》の環境《かんきょう》というのは、どんな動物《どうぶつ》でも、太《たい》古《こ》の時代《じだい》から未来《みらい》まで、どうすることもできないものなのです。たとえ人間《にんげん》でも。

どんなに優《すぐ》れた能力《のうりょく》を持《も》っていても、ちょっとした運《うん》命《めい》で、地球《ちきゅう》から姿《すがた》を消《け》してしまうわけです。その原因《げんいん》が何《なに》かは、誰《だれ》にもわかりません。逆《ぎゃく》に言《い》えば、強《つよ》い動物《どうぶつ》だけが、完《かん》ぺきな動物《どうぶつ》だけが、たくさんいる動物《どうぶつ》だけが、地球上《ちきゅうじょう》に生《い》き残《のこ》るとは限《かぎ》らないということです。どんな生物《せいぶつ》にもチャンスはあるわけです。

今《いま》いる地球《ちきゅう》の生物《せいぶつ》は、目《め》に見《み》えないような微生物《びせいぶつ》からシロナガスクジラまで、すべて勝者《しょうしゃ》。キミも生《い》きているだけで勝者《しょうしゃ》なのです。だから、すべての地球《ちきゅう》の生物《せいぶつ》に敬《けい》意《い》を表《ひょう》して、他《ほか》の動物《どうぶつ》たちが、人間《にんげん》のせいであまり暮《く》らしにくい世界《せかい》にならないように、少々《しょうしょう》気《き》をつけたいですよね。

著者

**新宅広二**（しんたくこうじ）

1968年生まれ。専門は動物行動学と教育工学で、大学院修了後、上野動物園、多摩動物公園に勤務。その後、東南アジア、ヒマラヤ、アフリカ、オーストラリアなど国内外のフィールドワークを含めて400種類以上の野生動物の生態や飼育方法を修得。狩猟免許も持つ。大学でも20余年教鞭をとる。ネイチャー・ドキュメンタリー映画、科学番組、ドラマ、アニメ、動物園・水族館、博物館、図鑑など監修多数。著書『危険生物最恐図鑑』『危険生物vs恐竜・古生物超バトル図鑑』『危険生物vs恐竜・古生物〈水中王〉超バトル図鑑』『しくじり動物大集合』永岡書店ほか。

STAFF

イラスト　おおぐろてん／神原めぐみ／健康肉類／延々えいかさん／水無瀬めい／三好真桜／メンネコ／antan／愛鷹／黒田文隆／Jitari／ナカニシイクシ／Mimiko／さとルーヌス

協力　株式会社ラポール イラストエージェント事業部

装丁・本文デザイン　髙垣智彦（かわうそ部長）

編集協力　高橋淳二　野口武（JET）

**いちばん速いヤツはだれだ！？**
**危険生物 vs 恐竜・古生物 デスレース 超バトル図鑑**

2023年3月10日 第1刷発行
2023年6月10日 第2刷発行

著者　新宅広二
発行者　永岡純一
発行所　株式会社永岡書店
〒176-8518　東京都練馬区豊玉上1-7-14
電話　03-3992-5155（代表）
　　　03-3992-7191（編集）

DTP　編集室クルー
印刷　精文堂印刷
製本　ヤマナカ製本

ISBN978-4-522-44061-2 C8045